Marc Tscheuschner

Hartmut Wagner

30 Minuten

TMS – Team
Management System

W0172330

Bibliografische Information Der Deutschen Bibliothek

Die Deutsche Bibliothek verzeichnet diese Publikation in der Deutschen Nationalbibliografie; detaillierte bibliografische Daten sind im Internet über http://dnb.ddb.de abrufbar.

Umschlag und Layout: die imprimatur, Hainburg
Lektorat: Uta Graßhoff, Offenbach
Satz: Zerosoft, Timisoara, Rumänien
Druck und Verarbeitung: Salzland Druck, Staßfurt
Illustrationen: Ben Balser, Darmstadt, www.benbalser.com

© 2009 GABAL Verlag GmbH, Offenbach

Hinweis:
Das Buch ist sorgfältig erarbeitet worden. Dennoch erfolgen alle Angaben ohne Gewähr. Weder Autor noch Verlag können für eventuelle Nachteile oder Schäden, die aus den im Buch gemachten Hinweisen resultieren, eine Haftung übernehmen.

Printed in Germany

ISBN 978-3-86936-024-9

In 30 Minuten wissen Sie mehr!

Dieses Buch ist so konzipiert, dass Sie in kurzer Zeit prägnante und fundierte Informationen aufnehmen können. Mithilfe eines Leitsystems werden Sie durch das Buch geführt. Es erlaubt Ihnen, innerhalb Ihres persönlichen Zeitkontingents (von 10 bis 30 Minuten) das Wesentliche zu erfassen.

Kurze Lesezeit
In 30 Minuten können Sie das ganze Buch lesen. Wenn Sie weniger Zeit haben, lesen Sie gezielt nur die Stellen, die für Sie wichtige Informationen beinhalten.

- Alle wichtigen Informationen sind blau gedruckt.

- Schlüsselfragen mit Seitenverweisen zu Beginn eines jeden Kapitels erlauben eine schnelle Orientierung: Sie blättern direkt auf die Seite, die Ihre Wissenslücke schließt.

- *Zahlreiche Zusammenfassungen innerhalb der Kapitel erlauben das schnelle Querlesen. Sie sind blau gedruckt und zusätzlich durch ein Uhrsymbol gekennzeichnet, sodass sie leicht zu finden sind.*

- Ein Register erleichtert das Nachschlagen.

Inhalt

Vorwort   6

1. Einleitung   8
   Wie arbeitet man eigentlich?   9
   Eine kurze Geschichte der Typologie   12
   Wie das Team Management System
   entstanden ist   13

2. Tätigkeiten, die Teams erfolgreich
   machen   16
   Die acht Arbeitsfunktionen   17
   Rund um das Rad der Arbeitsfunktionen   24
   Zentral wichtige Arbeitsfunktionen   26

3. Von der Arbeitspräferenz zur Rolle
   im Team   28
   Der Zusammenhang zwischen Präferenz
   und Kompetenz   29
   Präferenzen messen   31
   Teamrollen   35
   Der Profilbericht   43

4. 4. Wie Zusammenarbeit gelingt   46
   Linking Skills entwickeln   47
   Teams führen und lenken   51
   Sich auf andere einstellen   56

5. **Herausforderungen: Ich & mein Team**　**62**
   Richten Sie Ihre Organisation präferenz-
   orientiert aus　63
   Machen Sie eine Teamanalyse　66
   Balancieren Sie Ihr Team gut aus　68
   Leiten Sie interkulturelle Teams　72
   Sprechen Sie mit Mitarbeitern　74

Weiterführende Literatur　**78**

Die Autoren/Adressen　**79**

Register　**80**

Vorwort

Es gibt gleich mehrere gute Gründe, dieses Buch zu kaufen – und zu lesen:

- Sie erfahren, welchen Tätigkeiten Sie (und Ihr Team) nachgehen müssen, um dauerhaft erfolgreich zu sein.
- Sie entdecken, wie sich Ihre Vorgehensweisen bei der Arbeit von denen Ihrer Kollegen unterscheiden lassen – und wie Sie diese individuellen Stärken nutzen können.
- Sie erhalten eine Einführung in das Team Management System, das weltweit führende Modell zur Verbesserung von Team-Leistungen.

Darüber möchten wir Sie informieren, kurz und knapp auf den Punkt gebracht.

In dieses Buch fließen ganz unterschiedliche Erfahrungen ein. Wir sind tätig als Trainer, klassische Managementberater, Geschäftsführer von Dienstleistungsunternehmen und Unternehmensgründer. Mit dem Team Management System haben wir ein einfaches, praktikables und wissenschaftlich fundiertes Instrumentarium gefunden, das uns täglich begleitet und nützt.

Von dem wertschätzenden Ansatz des TMS sind wir überzeugt. Jeder Mensch hat seine Stärken, die es zu entdecken, zu fördern und zu fordern gilt. Damit weden auch langfristig exzellente Ergebnisse erzielt. Klingt egoistisch? Nützt aber Ihnen und Ihren Mitarbeitern.

Wir wünschen Ihnen viel Spaß beim Lesen!

Bad Nauheim und Freiburg, 2009
Marc Tscheuschner und Hartmut Wagner
www.tms-zentrum.de

*Das Team Management Rad, das Modell der Arbeits-
funktionen, das Modell der Linking Skills und das TMS-
Logo sind geschützte Warenzeichen. Nutzung mit
freundlicher Genehmigung von TMS Development International, York/UK.*

1. Einleitung

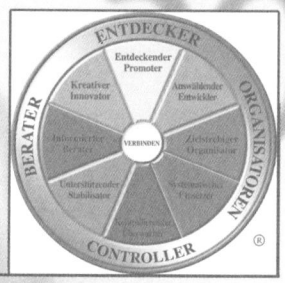

Was macht eigentlich
Hochleistungsteams aus?
Seite 9

Was ist eine Typologie?
Seite 11

Wie ist das TMS entstan-
den?
Seite 13

In einem Hochleistungsteam möchte jeder gerne arbeiten: besondere Ergebnisse erzielen, effizient und mit Spaß zusammenarbeiten. Jeder erbringt einen wichtigen Beitrag, wird von Kolleginnen und Kollegen wertgeschätzt. Doch im Alltag ist das alles nicht so einfach. Wir alle gehen unsere Arbeit ganz unterschiedlich an, daraus entstehen Missverständnisse und Konflikte. Wichtige Tätigkeiten werden nicht erledigt, weil keiner von sich aus daran gedacht hat (und, ehrlich gesagt, keiner Lust darauf hatte). Darunter leiden dann die Qualität und Effektivität der Arbeit.

Wir möchten Ihnen das Team Management System (TMS) vorstellen und die zwei Forscher, die es entwickelt haben. Heute ist das TMS das weltweit führende Modell zur Verbesserung der Team Performance. Die beiden Forscher, Margerison und McCann, führten damit eine Arbeitssystematik und eine einfache Typologie ein, die uns hilft, die Stärken und Bedürfnisse anderer Menschen besser zu verstehen.

1.1 Wie arbeitet man eigentlich?

Anfang der 80er-Jahre befragten die Forscher und Managementberater Charles Margerison und Dick McCann weit über 300 Teammitglieder und Führungskräfte, welche Tätigkeiten es sind, die diese bei der täglichen Arbeit erfolgreich machen.

Diese Untersuchung können Sie (im Kleinen) nachvollziehen: Gehen Sie einen Arbeitstag oder die letzte Woche durch. Überlegen Sie, welche Tätigkeiten es sind, die Sie erfolgreich sein lassen. 15 bis 20 konkrete Aktivitäten sollten reichen.

Diese Liste könnte so aussehen:
- Neue Ideen zur Optimierung der Produktion einfallen lassen
- Dem Kunden XY das neue Produkt vorstellen
- Mit Kunde XY an der Lösung eines Problems arbeiten
- Mit Mitarbeitern über ihre Arbeit sprechen
- Klare Ziele für diese Woche setzen
- Mein Netzwerk pflegen
- Die Sitzung nachbereiten, Protokoll schreiben

Könnten Sie sich vorstellen, dass jemand auf diese Frage etwas ganz anderes geantwortet hätte? Was glauben Sie, hätte Ihre Kollegin oder Ihr Kollege geantwortet? Hätten Ihre Teammitglieder das Gleiche gesagt oder vielleicht sogar gegensätzliche Antworten genannt?

Ergebnis der Interviews
Margerison und McCann führten die Antworten der befragten Teams zusammen und erkannten acht wesentliche Tätigkeitsbereiche – die Arbeitsfunktionen. Diese Arbeitsfunktionen muss jeder einzelne, jedes

Team erfüllen, um dauerhaft erfolgreich zu sein. Zentrales Ergebnis der Forschungsarbeiten war, dass man im Berufsalltag oft nur einige wenige dieser Arbeitsfunktionen wirklich gerne ausfüllt. Häufig hat man für einen Tätigkeitsbereich eine besonders starke Präferenz. Genauso ist jeder in einigen der Arbeitsfunktionen überhaupt nicht gerne tätig. Es kostet richtig Überwindung und Energie, bevor man diese Aufgaben angeht. Aus dieser Erkenntnis entwickelten die beiden Forscher ein Messsystem, um die jeweiligen Präferenzen und Abneigungen zu ermitteln. Außerdem identifizierten sie entsprechend der acht Arbeitsfunktionen die acht Teamrollen.

TMS – Arbeitsmethodik und Typologie

Sie sehen: Das TMS ist auf der einen Seite eine Arbeitsmethodik. Wenn Sie in Ihrer täglichen Arbeit an alle acht Arbeitsfunktionen denken, Sie diese selbst oder durch Ihre Mitarbeiter oder Kollegen erarbeiten lassen, dann haben Sie die besten Voraussetzungen, um erfolgreich zu sein. Auf der anderen Seite ist das TMS eine Typologie, die auf einem wissenschaftlich fundierten Feedback (dem Team Management Profil, TMP) aufbaut. Sie hilft zu beurteilen, ob Sie eine Tätigkeit dauerhaft mit Spaß und Leidenschaft ausfüllen werden oder ob Sie viel Energie aufwenden müssen, um diese Arbeit zu tun.

Übrigens: Wenn Sie nach der Lektüre dieses Buches ein professionelles TMP von sich oder Ihrem Team erstellen lassen möchten, wenden Sie sich bitte an das TMS-Zentrum. Wir nennen Ihnen qualifizierte TMS-Trainer und -Berater in Ihrer Nähe.

Fragen Sie sich und Ihre Kolleginnen und Kollegen: Welche Tätigkeitsbereiche müssen wir bei unserem nächsten Projekt ausfüllen, damit es ein Erfolg wird? Diskutieren Sie die unterschiedlichen Sichtweisen – alle sind wichtig!

1.2 Eine kurze Geschichte der Typologie

„Wer war denn das?" – „Ach, das ist so ein Vertreter-Typ!"

Nicht selten stellen wir fest, dass wir Menschen bestimmten Gruppen zuordnen. Das kann ganz unbewusst passieren, etwa geht uns manchmal ein „Du erinnerst mich an ..." durch den Kopf. Vielleicht passen wir dann unser Verhalten an, sprechen anders oder ändern unsere Körperhaltung, um diesem Typus besser gerecht zu werden. Diese Gruppierungen erleichtern uns den Umgang mit der komplexen Realität. Es ist eine Vereinfachung, der wir uns bewusst sein müssen, damit daraus kein Schubladendenken wird.

Was ist eine Typologie?

Typologie (griech. typos = „Urbild, Vorbild") bezeichnet in der Psychologie den Versuch, Menschen auf Basis ihrer körperlichen oder psychologischen Merkmale in Gruppen einzuteilen. Schon Hippokrates (460 – 370 v. Ch.) versuchte anhand beobachteter Eigenschaften ein Ordnungssystem für Menschen zu schaffen. C. G. Jung entwickelte 1921 acht „Psychologische Typen", die erste in der Psychologie weitgehend anerkannte Typologie. Seine Einteilung beruhte zunächst auf der Unterscheidung zwischen introvertierten und extravertierten Menschen. Er ergänzte diese grundlegende Achse um die Funktionen Denken, Fühlen, Intuition und Empfinden. Margerison und McCann bauten auf diesen Ergebnissen auf und entwickelten eine Typologie, die auf den Arbeitsbereich bezogen ist. Damit soll Einzelnen, Teammitgliedern und Führungskräften ein praktisch nutzbares, forschungsbasiertes Instrument an die Hand gegeben werden. Wie es aussieht und welchen Nutzen es Ihnen bringt, stellen wir Ihnen auf den folgenden Seiten vor.

1.3   Wie das Team Management System entstanden ist

Das Team Management System wurde Anfang der 80er-Jahre durch Dr. Charles Margerison und Dr. Dick McCann entwickelt.

Dr. Charles Margerison war Professor für Management an der University of Queensland/Australien und an der Cranfield School of Management in England.

Neben seinen Aufgaben in Forschung und Lehre hat er zahlreiche Bücher geschrieben und steht heute Unternehmen beratend zur Seite. Dr. Dick McCann hat seinen wissenschaftlichen Hintergrund in den Naturwissenschaften sowie im Finanz- und Organisationswesen. McCann ist Autor vieler Bücher und Artikel zur Teamarbeit. Er trainiert Teammitglieder und Führungskräfte in der ganzen Welt in Fragen der Organisation und Teamarbeit.

Ein arbeitspsychologisches Modell
In diesem Buch werden wir viel von Tätigkeitsbereichen und Teamrollen sprechen. Wichtig ist, dass es dabei immer um Aufgaben und Verhaltensweisen bei der Arbeit geht. Sie werden sehen, wie sich bevorzugte Verhaltensweisen bei der Arbeit unterscheiden können. Wir betrachten nur einen Ausschnitt aus dem individuellen Verhalten. Es kann durchaus sein, dass jemand im privaten Kontext andere Verhaltensweisen bevorzugt. Zum Beispiel, dass jemand bei der Arbeit gerne mit anderen neue Ideen entwirft, zu Hause aber gerne einem sehr strukturierten, ruhigen Hobby nachgeht (z. B. Briefmarkensammeln). Auf die Frage, wie denn das zusammenpasst, könnte jemand sagen: „Ich brauche diese ruhigen Phasen – und im Job freue ich mich dann, wieder neue Ideen voranzutreiben."

Im Mittelpunkt des TMS steht Wertschätzung für die Unterschiedlichkeit von Menschen – und wie wir bei der Arbeit die Stärken eines jeden zur Geltung bringen können. Warum jemand so ist – und wie man ihn zu etwas anderem macht – das ist nicht unser Ansatz.

Forschung und wissenschaftliche Grundlagen
Das TMS ist umfassend wissenschaftlich erforscht. Das Institute of Team Management Studies in Brisbane/Australien führt laufend Studien zu allen Instrumenten durch und sammelt Ergebnisse von Probanden aus aller Welt. Darüber hinaus werden alle Instrumente von unabhängigen Instituten (u. a. der British Psychological Society) geprüft. Neue Sprachversionen werden einem aufwendigen Validierungsverfahren unterzogen, um eine hohe Qualität sicherzustellen. Alle Forschungsergebnisse werden in einem Research Manual regelmäßig veröffentlicht.

Das Team Management System (TMS) wurde Anfang der 80er-Jahre auf der Basis empirischer Forschung entwickelt. Es ist Typologie und Arbeitsmethodik.
- *Eine Typologie hilft, die komplexe Wirklichkeit zu verstehen. Sie ist ein wichtiges Instrument für Zusammenarbeit und Führung.*
- *Das TMS hat einen wertschätzenden Ansatz, der die Stärken jedes Menschen im Arbeitskontext deutlich macht.*

2. Tätigkeiten, die Teams erfolgreich machen

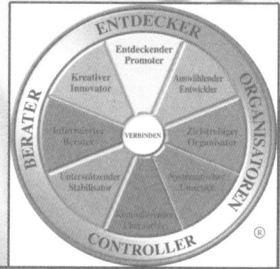

Welche Tätigkeitsbereiche muss ich mit meinem Team ausfüllen, damit wir dauerhaft erfolgreich sind?

Seite 17

Wie kann ich üben, an alle diese Tätigkeitsbereiche zu denken?

Seite 24

Ist jeder Tätigkeitsbereich gleich wichtig?

Seite 26

Jede Industrie, jeder Sport und natürlich jedes Land hat eine eigene Sprache. Um effektiv und effizient mit Menschen zu kommunizieren, ist es wichtig, ihre Sprache zu verstehen. Ebenso ist es mit Teams. Um effektiv als Team miteinander zu kommunizieren und eine hohe Leistungsfähigkeit zu erreichen, müssen wir die Sprache der Teamarbeit verstehen. Und vielleicht stellen wir erstaunt fest, dass jeder eine etwas andere Sprache spricht. In der Diskussion mit Hochleistungsteams auf der ganzen Welt haben wir immer wieder erfahren, dass diese acht Aufgabenbereiche wahrnehmen. Wir nennen sie Arbeitsfunktionen.

2.1 Die acht Arbeitsfunktionen

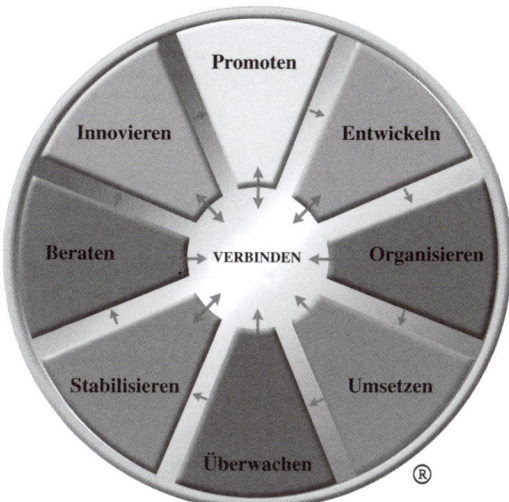

Abb. 1: Das Rad der acht Arbeitsfunktionen

Die acht Arbeitsfunktionen werden in einem Radmodell dargestellt. Wir stellen sie Ihnen im Folgenden kurz vor.

Beraten

„Beraten" heißt, Informationen einzuholen und weiterzugeben. Das „Beraten" steht häufig am Anfang eines Projektes, einer Arbeit. Worum geht es eigentlich? Was sind Hintergründe einer Thematik? Beraten heißt, Datenbanken zu durchsuchen, Zeitschriften, Bücher, Gespräche mit Experten zu führen. Die Daten werden dann so zusammengestellt, dass sie für Entscheidungsprozesse genutzt werden können.

Beraten – für Ihr Team
- Welche Neuigkeiten gibt es in Ihrer Branche, Ihrem Fachgebiet?
- Wie kommen Sie und Ihr Team regelmäßig an neue Informationen aus Ihrem Unternehmen oder Ihrem Fachgebiet?
- Wie greifen Sie auf bestehendes Wissen zu?
- Welche Informationen braucht Ihr Team von wem/ welcher Abteilung, um seine Arbeit erfolgreich zu machen?

Innovieren

Neue Ideen zu generieren ist wesentlich für Verbesserungen. Querdenken, die Gedanken treiben lassen, Kreativitätstechniken anwenden, um aus verschiedenen Informationen Neues zu kombinieren. Nicht nur Dinge im Detail optimieren, sondern komplett Neues erschaffen: Next Practice statt Best Practice!

Innovieren – für Ihr Team
- Was müsste dringend verändert werden – an Ihren Produkten oder Dienstleistungen?
- Womit könnten Sie Ihre Kunden überraschen?
- Wann machen Sie den nächsten Kreativ-Workshop?

Promoten

Es hat wenig Sinn, sich Ideen auszudenken, wenn sie nicht „verkauft" werden. Das „Promoten" hat häufig eine doppelte Funktion. Stehen erst einmal neue Ideen im Raum, brauchen Sie Mitstreiter. Alleine ist es in großen Organisationen häufig sehr schwierig, neuen Ideen zum Durchbruch zu verhelfen. Wir bezeichnen dies als internes Promoten. Im zweiten Schritt ist dann das externe Promoten zum Kunden hin wichtig: Ideen überzeugend präsentieren und verkaufsfördernd dem Kunden vorstellen.

Promoten – für Ihr Team
- Wer muss innerhalb Ihres Unternehmens etwas von Ihrer Arbeit/der Arbeit Ihres Teams wissen (Vorgesetzte, Kollegen, andere Teams ...)?
- Was müssen die einzelnen Personen wissen?
- Wie geben Sie Neuigkeiten jeweils weiter (E-Mails, Newsletter, Info-Blatt, Netzwerktreffen, gemeinsames Mittagessen ...)?
- Mit welchem Kunden sollten Sie heute Kontakt aufnehmen? Und was könnten Sie ihm Neues berichten?

Entwickeln

Das „Entwickeln" ist der Flaschenhals, durch den alle Innovationen hindurchmüssen. Eine Idee zu entwickeln heißt, abzuschätzen und zu bewerten, wie diese Innovation in der Praxis funktionieren wird. Häufig werden dazu zunächst ganz analytisch Kriterien formuliert, denen die neue Idee standhalten muss. Alternativen können dadurch bewertet werden. Häufig wird auch ein Prototyp gestartet (das gilt auch für Dienstleistungen), um zu sehen, wie sich eine Idee in der Praxis bewährt, bevor mit großem Aufwand eine Neuerung eingeführt wird. Schließlich muss auch erklärt werden, warum manche Ideen nicht weiterverfolgt werden.

Entwickeln – für Ihr Team
- Nach welchen Kriterien entscheiden Sie über eine neue Idee? Wen beziehen Sie zur Bewertung mit ein?
- Welche neue Idee wäre es wert, einen Prototypen zu starten?
- Wer müsste bei einer Entscheidung alles mit einbezogen werden?

Organisieren

Mit dem „Organisieren" wird die Umsetzung optimal vorbereitet. Aufbau- und Ablauforganisationen werden festgelegt, Pläne mit den erforderlichen Arbeitspaketen definiert und Ressourcen verteilt. Ziel dieser Tätigkeiten ist es, sicherzustellen, dass das Produkt oder die Dienstleistung termingerecht, in der erwünschten Qualität und mit einem guten finanziellen Ergebnis fertiggestellt wird. Vor allem Projektmanager widmen oft mehr als 50 % ihrer Zeit dem Organisieren.

Organisieren – für Ihr Team
- Sind die Ziele für Ihr Team jedem klar und ist die Erreichung messbar?
- Wer macht was bis wann? Welche Ergebnisse sollen für jedes einzelne Arbeitspaket vorliegen?
- Welche Ressourcen (z. B. Mitarbeiter, Geld) stehen jedem zur Verfügung – und wie können diese abgerufen werden?

Umsetzen

Wenn die Planungen abgeschlossen sind, kann die Fertigung beginnen. Jetzt wird das Produkt oder die Dienstleistung erbracht, in der Regel über einen längeren Zeitraum hinweg, in hoher Qualität und zu festgelegten Standards. Es geht jetzt nicht mehr darum, noch einmal alles infrage zu stellen und neu zu erdenken, allenfalls geht es um Detailverbesserung und Optimierung.

Umsetzen – für Ihr Team
- Was brauchen Sie konkret, um mit der Arbeit beginnen zu können (z. B. Infrastruktur)? Was, um langfristig eine gleichmäßig hohe Leistung zu erbringen?
- Was können Sie an Ihren Abläufen im Detail verbessern?
- Welche Checkliste könnte Ihnen im Alltag helfen?

Überwachen

Von Zeit zu Zeit muss geprüft werden, ob noch in Richtung der vorgegebenen Ziele gearbeitet wird, ob Zeit, Kosten und Qualität stimmen. Damit erfüllt das „Überwachen" die wichtige Funktion der Qualitätssicherung. Manchmal wird das „Überwachen" als negative Aktivität betrachtet, anstatt es als wichtige Kontrollfunktion wertzuschätzen. Personen im Rechnungswesen, in der Buchhaltung und dem Controlling nehmen diese Arbeitsfunktion oft zentral wahr, ebenso Sicherheitsbeauftragte und andere, die auf Genauigkeit und Präzision Wert legen. Viele Managementprozesse und Audits sind hier angesiedelt, um Sicherheit, hohe Qualität und Vertragstreue zu gewährleisten.

Überwachen – für Ihr Team
- Nach welchen Kriterien bewerten Sie die Qualität Ihrer Arbeit? Welche Kennzahlen brauchen Sie?
- Wie messen Sie die Zufriedenheit Ihrer Kunden?
- Wie gestalten Sie Ihre Buchhaltung?

Stabilisieren

Das „Stabilisieren" ist eine häufig unterschätzte Arbeitsfunktion. Uns allen ist klar, dass wir unseren Körper regelmäßig stabilisieren müssen. Ohne Sport verlieren wir an Leistungskraft, ohne regelmäßigen Zahnarztbesuch entstehen größere, vielleicht irreparable Schäden. Beim Arbeiten gilt das Gleiche. Wir müssen unser Team fit halten, damit dauerhafte Höchstleistung überhaupt erst möglich wird. „Stabilisieren" heißt daher, Standards und Normen aufrechtzuerhalten. Es muss auf die Bedürfnisse und Gefühle aller Teammitglieder und auf die Beziehungen untereinander geachtet werden. Alle sollen sich an ihrem Arbeitsplatz anerkannt, sozial abgesichert und in ihrer beruflichen und persönlichen Entfaltung gefördert fühlen.

Stabilisieren – für Ihr Team
- Wer in unserem Team braucht Unterstützung?
- Wie sichern wir unser Know-how nach Projektabschluss? Wie halten wir Gelerntes fest, damit uns Fehler kein zweites Mal passieren?
- Wie feiern wir unsere Erfolge?

Zentrale Fähigkeit – Verbinden

Im Mittelpunkt des Modells der Arbeitsfunktionen steht das „Verbinden". Unter „Verbinden" fassen wir die Tätigkeiten zusammen, welche die einzelnen Arbeitsfunktionen miteinander in Beziehung setzen. Das „Verbinden" ist daher der Dreh- und Angelpunkt des Rades. Hier ist die systemische Führungszentrale des Teams. Alle Arbeitsfunktionen müssen gut miteinander verbunden und vernetzt werden. In Hochleistungsteams übernimmt jeder Mitverantwortung für das „Verbinden". Welche konkreten Tätigkeiten dabei wichtig sind, erfahren Sie im Kapitel 4.

Eine gemeinsame Sprache

Das Modell der Arbeitsfunktionen ist grundlegend, damit eine hohe Arbeitsleistung entsteht und gehalten wird. Es ist Basis einer gemeinsamen Sprache, mit der sich alle verständigen können. Wenn in einem Team von „Beraten" gesprochen wird, ist damit allen klar, dass es nur darum geht, Informationen zusammenzutragen und genau zu überlegen, wer eigentlich welche Information braucht, um sinnvoll arbeiten zu können. Es geht nicht darum, etwa bereits eine Auswahl aus geeigneten Ideen zu treffen (nach dem Modell der Arbeitsfunktionen wäre dies erst beim „Entwickeln" angesagt). Viele erfolgreiche Projekte folgen dem Verlauf des Modells im Uhrzeigersinn vom „Beraten" bis zum „Stabilisieren".

Tipp
Betrachten Sie Fragestellungen aus den Blickwinkeln der einzelnen Arbeitsfunktionen, z. B.: Was müssen Sie tun, um gut zu „beraten"? Was möchten Sie innovieren? Wen müssen Sie einbeziehen – und wie „promoten" Sie bei Ihren Kunden? Wir nennen das „Denken rund um das Rad".

Für jede Arbeit sind acht Arbeitsfunktionen wichtig. Werden einzelne dieser Arbeitsfunktionen nicht ausgefüllt, wird ein Team auf Dauer nicht effizient arbeiten.

2.2 Rund um das Rad der Arbeitsfunktionen

Eine wichtige Arbeitstechnik für Hochleistungsteams: das Denken rund um das Rad der Arbeitsfunktionen. Welche Aktivitäten sind in jeder Arbeitsfunktion erforderlich, um Ihr nächstes Projekt erfolgreich abzuschließen? Schreiben Sie zu jeder Arbeitsfunktion die Aufgaben auf, die Ihnen dazu einfallen.

Beginnen Sie mit den Arbeitsfunktionen, die Ihnen besonders leichtfallen. Schreiben Sie dann zu jedem anderen Tätigkeitsbereich etwas auf. Vielleicht fällt Ihnen zu einer Arbeitsfunktion überhaupt nichts ein. Sie könnten sogar davon überzeugt sein, dass in diesem Aufgabenbereich gar nichts gemacht werden müsste (das können wir jedoch ausschließen). Befragen Sie dann eine Kollegin oder einen Kollegen, was ihr oder ihm zu den fehlenden Tätigkeitsbereichen einfällt.

Nutzen Sie diese Denkweise auch für Ihre nächste Sitzung: Welche Arbeitsfunktionen wurden nicht bearbeitet? Was fehlt noch? Führen Sie ein Protokoll und notieren Sie die Beiträge und Ergebnisse zu den einzelnen Arbeitsfunktionen. Diskutieren Sie die fehlenden Tätigkeitsbereiche mit Ihrem Team.

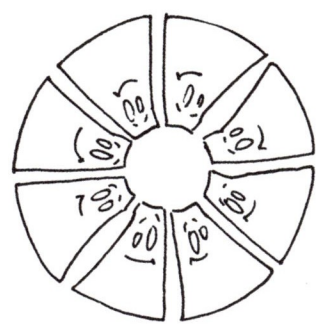

2.3 Zentral wichtige Arbeitsfunktionen

Nicht jede Arbeitsfunktion hat in jedem Projekt oder Beruf die gleiche Bedeutung. Häufig tragen zwei oder drei Tätigkeitsbereiche stärker zum Erfolg eines Projektes bei als andere. Auch hier gilt das Pareto-Prinzip: Oft liegen 80 % des Erfolgs in zwei oder drei Arbeitsfunktionen.

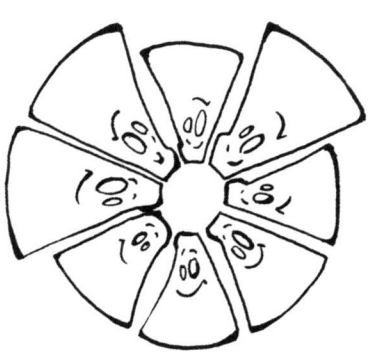

Beispiele aus der Praxis
Von einer Forschungs- und Entwicklungsabteilung erwarten Sie etwa, dass dort ein Überblick über aktuelle Forschungsergebnisse und Trends in ihrer Branche, ihrem Marktsegment herrscht. Die Abteilung soll mit vollkommen neuen Ideen aufwarten und diese mit ersten Prototypen bis zur Marktreife bringen. Die Arbeitsfunktionen „Beraten", „Innovieren" und „Entwickeln" könnten also eine wichtigere Stellung einnehmen als andere.

Von einem Sicherheitsbeamten am Flughafen erwarten Sie, dass er Ihr Gepäck schnell, nach klaren Verfahren und sorgfältig prüft. Es ist ebenso wünschenswert, dass die Prozesse sehr gut organisiert sind, wenn Sie mit Hunderten anderer Fluggäste vor den Metalldetektoren am Flughafen stehen. „Organisieren", „Umsetzen" und „Überwachen" werden an dieser Stelle von größter Wichtigkeit für einen reibungslosen Ablauf sein.

Auch wenn sich bei einzelnen Jobs häufig Schwerpunkte finden lassen, so sind doch immer alle Arbeitsfunktionen wichtig. Ohne das „Überwachen" würde die Forschungs- und Entwicklungsabteilung Budgets hoffnungslos überziehen. Und auch Sicherheitseinrichtungen müssen „Innovieren", um auch in Zukunft Schutz zu bieten.

Es gibt acht Tätigkeitsbereiche, die erfolgreiche Teams *alle abdecken: Beraten, Innovieren, Promoten, Entwickeln, Organisieren, Umsetzen, Überwachen und Stabilisieren.*

- *Oft sind zwei oder drei Arbeitsfunktionen besonders wichtig für den Erfolg einer Arbeit oder eines Projektes. Dennoch muss für dauerhaften Erfolg immer an alle Arbeitsfunktionen gedacht werden.*
- *Formulieren Sie bei Ihrem nächsten Projekt die zentralen Aufgaben in jeder Arbeitsfunktion – eine Arbeitstechnik der Spitzenteams!*

3. Von der Arbeitspräferenz zur Rolle im Team

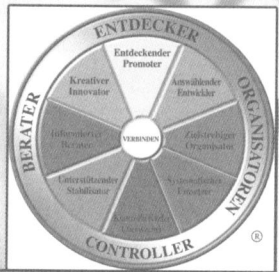

Wie unterscheidet sich eigentlich Präferenz von Kompetenz?

Seite 29

Wie lassen sich Präferenzen messen?

Seite 31

Die Teamrollen: Wie äußern sich unsere Präferenzen bei der Arbeit?

Seite 35

Kompetenzen belegen das, was wir können. Sie sind wichtig, um unsere Qualifikation für eine Aufgabe zu prüfen. Aber was machen wir davon gerne? Ist das, wofür wir kompetent sind, auch unsere Leidenschaft? Wenn wir überlegen, welche Tätigkeiten uns besonders leicht von der Hand gehen, was wir gerne machen, ergänzen wir unseren Blick auf die Art, wie wir bevorzugt arbeiten: die Arbeitspräferenz.

Unsere Arbeitspräferenzen spiegeln sich in den Teamrollen wieder, die wir bevorzugen. Diese Teamrollen werden im TMS analog zu den acht Arbeitsfunktionen definiert. Kurzfristig können wir jede Teamrolle ausfüllen, langfristig werden wir nur in wenigen Teamrollen effektiv und mit Leidenschaft arbeiten. Genaueres zu den Teamrollen lesen Sie in Kapitel 3.3.

3.1   Der Zusammenhang zwischen Präferenz und Kompetenz

Wenn wir über unseren Beruf sprechen, definieren wir uns häufig über unsere Kompetenzen. Wir erzählen, was und wo wir studiert, welche Abschlüsse wir gemacht und vielleicht welche Fortbildungen wir besucht haben. Mit Zeugnissen, Diplomen, Fortbildungsbescheinigungen können wir unsere Kompetenzen einfach belegen. Kompetenzen sind auch ohne Zweifel wichtig. Ohne formales Können kann längst keiner mehr zur Meisterschaft gelangen.

Was macht Ihnen Spaß?
Wir wollen Ihre Aufmerksamkeit auf die Arbeiten lenken, die Ihnen Spaß machen, die Sie bevorzugen. Wenn Sie diese Gefühle bei Ihrer Arbeit haben, sind Sie in Ihrer Arbeitspräferenz tätig: „Neue Ideen entwickeln, das liegt mir. Aber ich hasse es, wenn ich mich mit detaillierten Statistiken befassen muss."

Die Erforschung der Arbeitsfunktionen hat gezeigt, dass die meisten Menschen einige wenige dieser Tätigkeitsbereiche besonders gerne machen. Und dass viele in einigen Tätigkeitsfeldern überhaupt nicht gern arbeiten. Jeder Mensch hat also eine Präferenz, einzelne Arbeitsfunktionen besonders gern auszufüllen. In diesen Arbeitspräferenzbereichen sind wir von innen her motiviert. Das ist auch eine gute Basis, um Kompetenzen in diesen Bereichen schnell und leicht zu entwickeln. Wenn wir in Nicht-Präferenzbereichen Kompetenzen aufbauen müssen, fällt uns dies schwerer, es ist mit größeren Anstrengungen und Mühen verbunden. In der Regel braucht es dann externe Motivationsanreize, Druck und Anstrengung, damit wir an diesen Aufgaben dranbleiben.

Unsere verschiedenen Arbeitspräferenzen äußern sich darin, wie wir unsere Arbeit angehen. Wir haben Vorlieben für unterschiedliche Denk-, Planungs- und Handlungsstile, wir bevorzugen verschiedene Kommunikations- und Entscheidungsstile.
Wenn viele Aufgaben, die wir tun müssen, unseren Arbeitspräferenzen entsprechen, erleben wir häufig „Flow" (Csikszentmihalyi, 2004). Die Arbeit geht uns

leicht von der Hand, wir vergessen die Zeit und sind verwundert, dass der Tag schon vorüber ist.

> „In einem Team, in dem jeder Einzelne viel von dem tut, was er gern tut, erhöhen sich die Energie, die Begeisterung, das Engagement und die Motivation um ein Vielfaches – und dann entsteht ein Hochleistungsteam."
> (Margerison und McCann, 2000).

Kompetenzen sind wichtig – ohne formalen Sachverstand können Projekte nicht zum Erfolg geführt werden. Genauso wichtig sind Präferenzen. Sie zeigen, bei welchen Arbeiten wir von innen heraus motiviert sind.

3.2 Präferenzen messen

Unternehmen arbeiten heute oft mit Projektorganisationen. Diese stellen Projektteams häufig aus Mitarbeitern zusammen, die noch nie miteinander gearbeitet haben. Die einzelnen Mitarbeiter wissen daher oft nicht, wie der Kollege eigentlich „tickt": Wie möchte er, dass ich mit ihm kommuniziere? Wie trifft er Entscheidungen? Wie organisiert er sich?
Es ist oft nicht die Zeit da, um diese Fragen durch gemeinsame Arbeitserfahrung zu klären, das Team muss schnell produktiv werden. Mit dem Team Management Profil werden die Präferenzen messbar. Auf Grundlage der Arbeiten von C. G. Jung wurden vier für die Arbeitssituation zentral wichtige Schlüsselbereiche definiert und mit einem Fragebogen valide messbar gemacht:

- Beziehungen: Wie Sie mit anderen Menschen bevorzugt umgehen
- Information: Wie Sie bevorzugt Informationen beschaffen und nutzen
- Entscheidungen: Wie Sie bevorzugt Entscheidungen treffen
- Organisation: Wie Sie sich und andere bevorzugt organisieren

Was bevorzugen Sie?

Extrovertiert	**Beziehungen**	Introvertiert

Wie Sie mit anderen Menschen bevorzugt umgehen

Praktisch	**Information**	Kreativ

Wie Sie bevorzugt Informationen beschaffen und nutzen

Analytisch	**Entscheidungen**	Begründet auf Überzeugungen

Wie Sie bevorzugt Entscheidungen treffen

Strukturiert	**Organisation**	Flexibel

Wie Sie sich und andere bevorzugt organisieren

Abb. 2: Arbeitspräferenzskalen

Jeder besitzt auf jeder Skala Aspekte beider Seiten, wird aber meist die eine oder andere Seite bevorzugen. Eine wichtige Erkenntnis der Teamerfolgsforschung ist, dass alle Dimensionen dieser Skalen wichtig sind. Je nach Situation können Verhaltensweisen, die entweder der einen oder der anderen Seite der Skalen entsprechen, zum Erfolg führen.

Wie Sie mit anderen Menschen bevorzugt umgehen
Tagtäglich müssen Führungskräfte und Teammitglieder mit anderen Mitarbeitern, mit Kunden, Lieferanten oder der Öffentlichkeit kommunizieren, um ihre Arbeit erledigen zu können. Manche tun das auf extrovertierte Weise, indem sie sich oft mit anderen treffen, mit ihnen Ideen durchsprechen und gerne einer Vielzahl verschiedener Aufgaben und Aktivitäten nachgehen. Andere Mitarbeiter sind jedoch introvertierter. Sie ziehen es vor, anstehende Fragen und Arbeiten erst selbst in Ruhe zu durchdenken, bevor sie das Gespräch suchen. Sie können dann genau und fundiert Stellung nehmen, wenn sie sich eine eigene klare Meinung gebildet haben.

Wie Sie bevorzugt Informationen beschaffen und nutzen
Im Umgang mit anderen sammeln und nutzen Führungskräfte und Teammitglieder verschiedene Arten von Informationen. Das tun sie entweder auf praktische oder kreative Art und Weise. Praktisch orientierte Menschen ziehen es vor, Informationen konzentriert für die zu bewältigende gegenwärtige Aufgabe zu sammeln, mit bewährten Ideen zu arbeiten und Fakten

und Details große Aufmerksamkeit zu widmen. Mitarbeiter mit der Präferenz für kreative Informationssammlung sind eher zukunftsorientiert, auf der Ausschau nach Informationen, die in verschiedenen zukünftigen Situationen von Bedeutung sein könnten. Sie suchen permanent nach neuen Möglichkeiten und halten nach frischen Ideen Ausschau. Sie nehmen sich Zeit, um eine Situation sorgfältig zu erkunden.

Wie Sie bevorzugt Entscheidungen treffen
Informationen werden in der Regel gesammelt, damit auf ihrer Basis die richtigen Entscheidungen getroffen werden. Einige ziehen es vor, dies auf analytische Art und Weise zu tun, erstellen Kriterien für die Entscheidungsfindung und eine Entscheidungsmatrix mit dem Ziel, die richtige Strategie, Wege und Lösungen zu finden, um gesetzte Ziele zu erreichen. Andere tendieren dazu, Entscheidungen aufgrund ihrer inneren Überzeugungen, Werte und Gefühle zu treffen, intuitiv und manchmal „aus dem Bauch heraus", weil ihnen dies mehr Sicherheit gibt.

Wie Sie sich und andere bevorzugt organisieren
Entscheidungen müssen innerhalb eines Organisationsrahmens realisiert, ihre Umsetzung muss gut organisiert werden. Einige Menschen lieben einen strukturierten Rahmen, um sich selbst und andere zu organisieren. Sie mögen es, wenn alles klar und sauber gegliedert ist und schnell gehandelt wird, um Probleme zu lösen. Andere ziehen einen flexiblen Ansatz vor. Sie machen sich viele Gedanken, eine Lösung von verschiedenen Seiten zu beleuchten. Sie gehen mit Termin-

setzungen locker um und verändern Zeitplanungen und Strukturen, wenn es nötig und sinnvoll erscheint.

Führungskräfte und ihre Teams bestätigen uns immer wieder, dass diese vier Skalen für sie hohe Gültigkeit besitzen. Sie sind als Messinstrumente geeignet, um die bevorzugten Arbeitsfunktionen zu erfassen. Den Fragebogen, mit dem Sie Ihre individuelle Richtung und Ausprägung erfahren können, erhalten Sie über TMS-Trainer oder das TMS-Zentrum (Adresse im Anhang).

Mit vier Skalen lassen sich unsere Verhaltensweisen bei *der Arbeit beschreiben. Jede Skala hat zwei gegenüberliegende Pole, die unterschiedliches Verhalten deutlich machen. Wir haben fast alle Anteile von beiden Seiten jeder Skala, können also jedes Verhalten in einer einzelnen Situation bevorzugen. Wir neigen aber fast immer zu einer Seite einer Skala. Dies kann mit einem Fragebogen valide bestimmt werden.*

3.3   Teamrollen

Häufig haben Menschen eine Präferenz für einige wenige Arbeitsfunktionen. Diese werden von den bevorzugten Verhaltensweisen auf den vier Präferenzskalen definiert und durch die Teamrollen beschrieben. Die empirischen Untersuchungen ergaben, dass Mitarbeiter mit einer Präferenz für das Promoten gerne extrovertiert mit anderen umgehen und eine kreative Informationssammlung vorziehen. Mitarbeiter mit einer Präferenz für das Umsetzen sammeln ihre Informationen lieber praktisch, das heißt für die jeweils anstehende Aufgabe, und organisieren sich und andere gern in strukturierter Form. Aus diesen (und vielen weiteren) Untersuchungen wurden die Pole dem Rad der Arbeitsfunktionen zugeordnet. Das Ergebnis ist das Team Management Rad mit den acht Teamrollen.

Für dieses 30-Minuten-Buch haben wir die Darstellung vereinfacht. Die Abbildung zeigt, wie die einzelnen Pole die Teamrollen charakterisieren. Die Namen der Teamrollen enthalten zunächst das jeweils bevorzugte Verhalten oder das typische Merkmal, zum Beispiel „zielstrebig", „systematisch" oder „entdeckend", und dann die zugehörige Arbeitsfunktion. So ergaben sich die Doppelnamen.

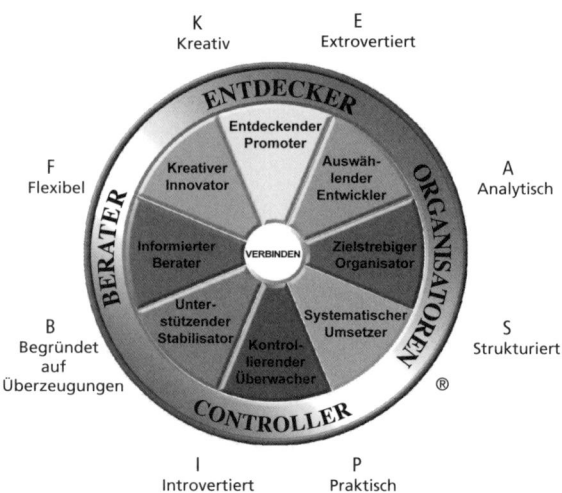

Abb. 3: Team Management Rad mit Präferenzpolen

Die Verhaltensweisen und Merkmale der acht Team-rollen werden im Folgenden kurz beschrieben. Die Teamrollen zeigen sich manchmal deutlich, manchmal weniger deutlich, in Abhängigkeit von der Ausprä-gung der jeweiligen Arbeitspräferenzen.

Informierter Berater

Informierte Berater sind informationshungrig. Sie re-cherchieren und sammeln gern Informationen, die sie auf leicht verständliche Weise an andere weiterver-mitteln. Solche Mitarbeiter besitzen meist Geduld und Ausdauer und vertagen eine Entscheidung lieber so lange, bis sie möglichst viel über eine Aufgabe in Erfahrung gebracht haben. Außenstehende mögen dies als Entscheidungsschwäche missdeuten. Der Informierte Berater hält es jedoch für besser, alles korrekt zu erfassen und nicht vorschnell einen Rat zu erteilen oder eine Entscheidung zu treffen, die sich später als falsch erweisen könnte. Informierte Berater achten darauf, dass Informationen überall dorthin gut fließen, wo sie gebraucht werden. Für sie bedeu-ten Informationen, die sie haben, kein Machtmono-pol, sondern sie geben sie freigebig weiter. Sie wissen nicht immer alles, aber sie wissen, wo man was finden kann. Sie freuen sich, wenn man sie um ihr Wissen anfragt und es für Entscheidungsprozesse nutzen will.

Kreativer Innovator

Kreative Innovatoren sind reich an Ideen und Vi-sionen, die häufig weit in die Zukunft reichen, sie sind Voraus-, Quer- und Vordenker im besten Sinn. Sie neigen zur Unabhängigkeit und möchten mit ihren Ideen experimentieren und sie vorantreiben. Sie stellen den Status quo gern infrage, in der positiven Absicht, neue Produkte, Dienstleistungen oder Prozesse zu initiieren. Intuition, Einfallsreichtum und Flexibilität sind ihre Trümpfe. Viele Organisationen haben Forschungs- und Entwicklungsabteilungen (oft separat von den Produktionsabteilungen) aufgebaut, wo Kreativen Innovatoren der Freiraum gegeben wird, gemeinsam mit anderen Innovationen in Gang zu bringen. Jede Organisation und jedes Team ist auf kreative Mitglieder angewiesen und muss ihnen die Möglichkeit bieten, ihre Ideen zu präsentieren, auch wenn sie scheinbar im Augenblick für das Tagesgeschäft eine Unterbrechung bedeuten.

Entdeckender Promoter

Entdeckende Promoter verstehen es meist hervorragend, eine Idee aufzugreifen und durch ihre hohe Kommunikationsfreude andere Leute dafür zu interessieren und zu begeistern. Sie finden so heraus, was innerhalb und außerhalb ihrer Organisation geschieht. Sie brauchen das Gespräch mit anderen und knüpfen gern neue Kontakte, bei denen sie neue Informationen und Quellen erschließen. So machen sie Innovationen gern bekannt. Sie sind oft geborene Präsentatoren und Rhetoriker und haben Verkaufstalent. Entdeckende Promoter kontrollieren vielleicht nicht immer jedes Detail, doch sie haben einen hervorragenden Blick für das große Ganze, denken global und können andere für neue Chancen und Möglichkeiten begeistern. Ihnen gelingt es damit, neue Ideen zumindest ins Gespräch zu bringen und ihnen vielleicht in Kooperation mit anderen Teamrollen zum Durchbruch zu verhelfen.

Auswählender Entwickler

Auswählende Entwickler übernehmen gern neue Ideen und Produktentwicklungen, um sie unter verschiedenen Blickwinkeln im Hinblick auf Brauchbarkeit und Marktchancen zu analysieren. Die beste Idee wird nach vorher bestimmten Kriterien ausgewählt: Machbarkeit, Kosten-Nutzen-Relation, Marktfähigkeit. Sie sind immer auf der Suche nach den besten Strategien und Lösungen und stehen gern an der Schnittstelle zwischen Idee und Tat. Ihr Interesse liegt in der Entwicklung einer Innovation bis zur Produktreife. Oft stellen sie einen Prototyp her, starten Pilotprojekte oder führen Machbarkeitsstudien durch. Wenn das von ihnen mitentwickelte Produkt oder Projekt „abgesegnet" ist, sind sie vermutlich nicht weiter an der routinemäßigen Herstellung des Produkts interessiert. Sie wenden sich lieber einem neuen Projekt zu, welches sie beurteilen und entwickeln können.

Zielstrebiger Organisator

Zielstrebige Organisatoren sind Mitarbeiter, die entwickelte Ideen zielorientiert und effektiv planen wollen. Sie haben das Ziel, das sie erreichen wollen, stets im Blick und schaffen die Rahmenbedingungen, damit es realisiert wird. Ihnen ist daran gelegen, klare Zielerreichungsstrategien zu planen und dafür zu sorgen, dass alle wissen, was in ihrer jeweiligen Aufgabe von ihnen erwartet wird. Als Projektmanager nutzen sie alle Möglichkeiten, ein Projekt innerhalb der gesetzten Fristen zu beenden. Praktischen und schnell zu verwirklichenden Lösungen geben sie den Vorrang. Sie drängen gern vorwärts und achten darauf, dass Termine eingehalten werden. Äußerst ungeduldig können sie reagieren, wenn Zeitpläne und Absprachen nicht eingehalten werden. So sorgen sie dafür, dass Aufgaben zielkonform erfüllt werden, auch wenn sie es dabei nicht allen recht machen können.

Systematischer Umsetzer
Systematische Umsetzer konzentrieren sich darauf, ein Produkt oder eine Dienstleistung nach einem vorgegebenen Standard zuverlässig herzustellen oder zu erbringen. Sie arbeiten gerne nach festgelegten Verfahren und auf systematische Weise. Die Tatsache, dass sie bereits gestern etwas produziert haben, heißt nicht, dass ihnen dies morgen langweilig erscheint. Dies steht im Gegensatz zum Kreativen Innovator, der nichts davon hält, Tag für Tag eine ähnliche Arbeit zu tun,

sondern bei seinen Aufgaben eine gewisse Abwechslung braucht. Für Systematische Umsetzer ist es wichtig, ihre bestehenden Fähigkeiten einsetzen zu können und nicht immer wieder mit neuen und veränderten Arbeitsweisen konfrontiert zu werden. Stabile und gleichbleibende, bewährte Systeme und Verfahren geben ihnen Sicherheit. Etwas konkret und praktisch herzustellen und dabei selbst gesetzte oder vorgegebene Aufgaben und Pläne zu erfüllen macht sie zufrieden.

Kontrollierender Überwacher

Kontrollierende Überwacher sind Qualitätssicherer. Sie arbeiten gerne an detaillierten Aufgaben und sorgen dafür, dass die Zahlen, Daten und Fakten stimmen. Dafür wenden sie bewährte Prüf- und Kontrollsysteme an. Sie arbeiten gern sorgfältig und genau und besitzen einen hohen Sinn für Vollständigkeit. Ungenauigkeiten hinterfragen sie gern und möchten sie präzisiert sehen. Es fällt ihnen meist leicht, sich lange Zeit allein und ungestört auf eine spezifische Aufgabe zu konzentrieren. Dies steht im Gegensatz zum Entdeckenden Promoter, der ständig verschiedene Aufgaben braucht. Visionen werden gern umgehend auf Machbarkeit geprüft – nicht immer zur Freude der Kreativen Innovatoren. Der Kontrollierende Überwacher verfolgt eine Aufgabe gerne gründlich und kümmert sich darum, dass die Arbeiten nach Plan, korrekt und exakt durchgeführt werden. Kontrollierende Überwacher nehmen bei der Rechnungsprüfung, im Qualitäts- und Sicherheitsbereich oder im Zusammenhang mit Verträgen eine äußerst wichtige Rolle ein.

Unterstützender Stabilisator

Unterstützende Stabilisatoren können sehr gut dafür sorgen, dass das Team eine stabile Funktionsbasis besitzt. Sie sind stolz darauf, sowohl die tatkräftige als auch die gesellschaftliche Seite der Arbeit zu unterstützen. Solche Menschen können sich zum „Gewissen" des Teams entwickeln, sie ermutigen andere und schlagen Brücken. Sie haben meist eine ganz klare Vorstellung davon, wie das Team geführt werden sollte. Dabei lassen sie sich von ihren Werten und Überzeugungen leiten und fühlen sich wohl, wenn sie in einem Unternehmen oder Team arbeiten, mit dessen Werten sie übereinstimmen. Wenn ihre Werte und Überzeugungen nicht wertgeschätzt werden, können solche Menschen recht ärgerlich reagieren und ihre Einstellungen und Werte kraftvoll verteidigen. Wenn sie aber von der Aufgabe des Teams überzeugt sind, können sie zur ungeheuren Quelle der Stärke und Energie im Team werden und ausgezeichnet und hartnäckig Verhandlungen auch nach außen hin führen. Ansonsten bleiben sie gern im Hintergrund und führen eher durch Taten als durch Worte, wenn sie Führungsverantwortung haben.

Die acht Teamrollen zeigen, in welchen Arbeits-
funktionen wir bevorzugt tätig sind. Sie beschreiben die
Auswirkungen auf die Art, wie wir gerne mit anderen
umgehen, Informationen sammeln und verteilen,
Entscheidungen treffen sowie uns und andere organi-
sieren.

3.4 Der Profilbericht

Vielleicht haben Sie sich in der einen oder anderen
Rolle schon wiedergefunden. Häufig ist das gar nicht
so einfach. Vielleicht sind Sie gefordert, viele Tätigkeiten außerhalb Ihrer Arbeitspräferenzen zu erfüllen, und haben daher kein eindeutiges Gefühl für die
eine oder andere Rolle. Oder Sie möchten eine
belastbare Auswertung für Ihr ganzes Team erstellen, um Stärken und „blinde Flecken" deutlich zu
machen. Dann kann eine professionelle Analyse
nützlich sein.

Ihre Teamrollen können mithilfe eines Fragebogens
ermittelt werden. Der Fragebogen umfasst 60 Fragen,
die in etwa 15 Minuten beantwortet werden. Der Fragebogen ist das Ergebnis umfangreicher psychometri-
scher Forschungen am Institute of Team Management
Studies in Brisbane/Australien zur Validität, Reliabi-
lität und Brauchbarkeit, deren Gütekriterien der Fragebogen erfüllt (McCann/Mead, 2003). Weitere Informationen dazu gibt Ihnen ein akkreditierter TMS-
Trainer und -Berater oder das TMS-Zentrum (Adresse
im Anhang).

Das Team Management Profil (TMP) wird auf Basis der Antworten individuell erstellt. Es umfasst 28 Seiten sowie ein erklärendes Begleitheft. Im Profil werden die Verteilung der eigenen bevorzugten Arbeitspräferenzen dargestellt sowie die eigene Hauptrolle und verwandte Rollen erläutert. Dieses Feedback gibt Rückmeldung zu Führungsqualitäten, Entscheidungsfindung, zwischenmenschlichen Fähigkeiten und Teambildung. Es wird gezeigt, wie die eigenen Arbeitspräferenzen als Stärkenpotenzial genutzt werden können. Außerdem werden Hinweise zu Entwicklungsfeldern gegeben.

Neben der individuellen Analyse können auch mehrere Profile in einer Teamübersicht zusammengefasst werden. Ballungen und „blinde Flecken" werden so schnell erkennbar und sichtbar gemacht.

Bei der Verteilung von Aufgaben sind immer zwei Aspekte wichtig: Kompetenz und Präferenz.

- *Die Präferenz zeigt die Tätigkeiten, die wir mit Leidenschaft ausfüllen. Sie kann über vier Skalen anhand eines Fragebogens gemessen werden.*
- *Durch acht Teamrollen werden die Präferenzen analog zu den Arbeitsfunktionen charakterisiert.*
- *Das Team Management Profil gibt – wissenschaftlich gestützt – Feedback zu den persönlichen Teamrollen. Es kann über akkreditierte TMS-Trainer und -Berater bezogen werden.*
- *Werden die Profile eines Teams zusammengefasst, werden schnell Stärken und „blinde Flecken" deutlich.*

4. Wie Zusammenarbeit gelingt

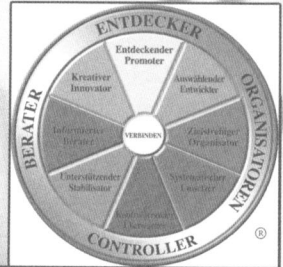

Wissen Sie, wie Sie Linking Skills entwickeln können?
Seite 47

Wissen Sie, wie Sie Ihr Team effektiv führen und lenken können?
Seite 51

Kennen Sie Methoden, wie man mit verschiedenen Kommunikationsstilen umgeht?
Seite 56

Woran liegt es, wenn Teammitglieder nicht mehr miteinander reden? Warum gehen sie sich aus dem Weg? Wie lange wird es dauern, bis das Team „den Bach runtergeht"? Teams scheitern in der Regel nicht an mangelnder Kompetenz. Die Probleme entstehen dadurch, dass sie Schwierigkeiten in der Zusammenarbeit haben. Im Team oder mit anderen – mit Vorgesetzten, Kunden, Lieferanten, anderen Teams.

4.1 Linking Skills entwickeln

Um Aufgaben zu vernetzen, Menschen zu verbinden und Teams zur Zielerreichung zu führen, ist die Entwicklung von Teamfähigkeit notwendig. Charles Margerison und Dick McCann haben bei erfolgreichen Führungskräften und in Spitzenteams herausgefunden: Teams sind vor allem dann erfolgreich, wenn der Team Manager und sein Team über bestimmte soziale, methodische und persönliche Fähigkeiten verfügen, die „Linking Skills". Mit Linking Skills wird aus einer Gruppe von Menschen, die gemeinsam eine Aufgabe zu bewältigen hat, ein leistungsfähiges Team. All diese Fähigkeiten wird wohl niemand je beherrschen. Aber je mehr, desto besser. Dann können Sie als Team Manager aus Ihrem Team ein Spitzen- und Hochleistungsteam machen.

Kommunikation und Kooperation fördern
Die wichtigste Fähigkeit eines erfolgreichen Team Managers ist die Fähigkeit, konsequent und kontinuierlich daran zu arbeiten, die Kommunikation und Ko-

operation zu fördern. Um alle Teammitglieder gut in ein Team zu integrieren, genügt es jedoch nicht, dass Sie gute Arbeitskontakte zu jedem einzelnen Teammitglied individuell aufbauen (Abbildung links). Wenn alle Entscheidungswege über Sie laufen, geraten Sie schnell unter beträchtlichen Druck.

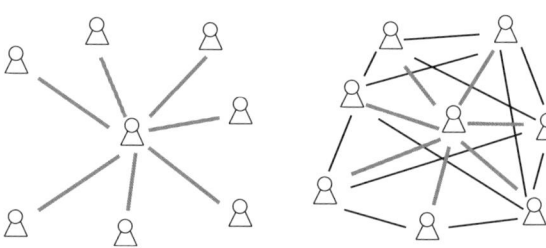

Abb. 4: Gutes Linking

In der Abbildung rechts sehen Sie, welche Verbindungen im Teambildungsprozess zusätzlich entstanden sind. Dem Team Manager und dem Team ist es gelungen, robuste und vielfältige Arbeitsbeziehungen untereinander aufzubauen und zu pflegen. Ein so geführtes Team spricht sich besser miteinander ab und tritt dem Kunden gegenüber einheitlicher auf.

Der Zeitaufwand lohnt sich

Es kann sein, dass Sie als Team Manager am Anfang bis zu 80 % Ihrer Zeit dafür nutzen müssen, damit diese Verbindungen entstehen und wachsen. Viele Team Manager machen den Fehler, dass sie sich vor allem den fachlichen und technischen Aspekten der Teamleitung verschreiben und der Entwicklung von Linking Skills wenig Aufmerksamkeit schenken. Die Konsequenz ist dann häufig, dass sie lange in den Abend hinein arbeiten und mit der Arbeit des Teams unzufrieden sind. Erfolgreiche Team Manager zeigen selbst Teamfähigkeit und entfalten ihre Linking Skills in und mit dem Team. Und sie erleben, dass sie sich durch den anfänglichen Mehraufwand im Lauf der Zeit spürbar entlasten. So entwickelt sich ein lebendiges und leistungsfreudiges Team.

Teamfähigkeit braucht viele Fähigkeiten

Zur Entwicklung von Teamfähigkeit braucht es eine ganze Reihe von Fähigkeiten, bis das, was wir „Teamgeist" nennen, zu sehen und zu spüren ist. Linking Skills halten das komplexe Gebilde „Team" wie Kitt im Innersten zusammen.

Abb. 5: Das Modell der Linking Skills

Die drei konzentrischen Kreise

Die wichtigsten Fähigkeiten haben Margerison und McCann in dem Linking Skills Modell dargestellt. Wenn Sie das Team Management Rad und das Rad der Arbeitsfunktionen genau betrachten, sehen Sie in der Mitte beider Räder einen Kreis mit dem Wort „Verbinden". Das Linking-Skills-Modell ist die „inhaltliche Füllung" dieser Kreise. Diese Fähigkeiten greifen ineinander, was die Puzzle-Form deutlich macht.

Das Puzzle besteht aus drei konzentrischen Kreisen.

- **Äußerer Kreis:**
  Mit diesen Fähigkeiten verbinden Sie die Potenziale Ihrer Mitarbeiter, indem Sie mit ihnen kontinuierlich an der Zielerreichung arbeiten.

- **Mittlerer Kreis**:
  Mit diesen Skills halten Sie alle Tätigkeitsbereiche
  und Aufgaben im Blick.
- **Zentraler Kreis**:
  Hier motivieren Sie Ihre Mitarbeiter und erarbeiten
  Strategien, damit das Team seine Ziele erreicht.

Linking Skills zeigen sich durch effektive Kooperation,
klare Kommunikation, motiviertes und strategisch gut
ausgerichtetes Arbeiten. Alle Teammitglieder müssen
auf die Linking Skills achten. Wenn Sie ein Team leiten,
sind Sie in besonderer Weise dafür verantwortlich, dass
die Linking Skills ausgefüllt werden: als Linking Leader.

4.2   Teams führen und lenken

Was können Sie tun, um diese Linking Skills zu schaffen und zu pflegen? Wie können Sie das Team damit
zielorientiert lenken? Im Folgenden finden Sie für jedes der Linking Skills eine kurze Definition. Mit Hinweisen, was Sie konkret tun können, um Aufgaben zu
vernetzen, Menschen zu verbinden, Erfolgsstrategien
mit ihnen zu entwickeln, sie zu motivieren und zu lenken.

Die 13 Linking Skills im Einzelnen

Hören Sie aktiv zu.
Hiermit zeigen Sie, dass Sie an dem wirklich interes-
siert sind, was Ihre Teammitglieder einbringen. In
Sitzungen und Einzelgesprächen seien Sie „ganz Ohr"

für die Worte Ihres Gesprächspartners. Stellen Sie Informations- und Verständnisfragen, statt sofort Stellung zu nehmen. Nehmen Sie die Gedanken des anderen mit eigenen Worten auf und führen Sie sie schlüssig weiter.

Fördern Sie die Kommunikation.
Informationen, die für die Arbeit wichtig sind, müssen allen rechtzeitig und klar mitgeteilt werden. Informieren Sie alle Teammitglieder regelmäßig im richtigen Umfang und Zeitabstand. Finden Sie den richtigen Draht zu Mitarbeitern mit anderen Teamrollen, indem Sie auf deren Frequenz „funken" (siehe unten). Trainieren Sie teamrollenorientierte Kommunikation.

Pflegen Sie zwischenmenschliche Beziehungen.
Gegenseitiges Verständnis und Respekt im Team sind das A und O. Wenn sie fehlen, gärt es im Untergrund. Nehmen Sie die Profile der anderen Teammitglieder wahr, um ihre Stärken wertschätzen zu können. Überlegen Sie, wie die Stärken anderer Ihre eigenen Stärken ergänzen können. Machen Sie eine Teamanalyse, um Ähnlichkeiten und Unterschiede der Arbeitspräferenzen im Team zu kennen und nutzen zu können.

Seien Sie da für Problemlösung und Beratung.
In einem guten Team ist jeder für die anderen verfügbar und ansprechbar, wenn wichtige Probleme zu lösen sind. Geben Sie klar an, wann Sie wo verfügbar sind – und wann nicht. Preschen Sie nicht gleich mit eigenen Lösungen vor, sondern stellen Sie sich gegen-

seitig Fragen, die einer gemeinsamen Lösungsfindung dienen. Nutzen Sie dafür das „Denken rund um das Rad"(siehe Kapitel 2.2).

Treffen Sie wichtige Entscheidungen mit dem Team. Beziehen Sie nicht bei allen, aber bei zentral wichtigen Entscheidungen alle mit ein. Dann fühlt sich jeder für die Problemlösung mitverantwortlich. Und ist eher bereit, sich für die Umsetzung zu engagieren. Definieren Sie die Probleme, bei deren Lösung andere im Team mitwirken sollen.

> Beachten Sie die Effektivitäts-Formel EE = Q + A: Die Effektivität einer Entscheidung ist gleich der Qualität der Entscheidung plus ihrer Akzeptanz.

Achten Sie auf gutes Schnittstellen-Management.
Kein Team ist eine Insel, es hat Nahtstellen zu anderen in und außerhalb der Organisation. Legen Sie mit Ihrem Team fest, wie Arbeitsergebnisse an andere innerhalb und außerhalb des Teams übergeben werden. Sorgen Sie dafür, dass jedes Teammitglied weiß, was die anderen tun. Setzen Sie sich bei der Geschäftsleitung engagiert für Ihr Team ein, wenn es nötig ist. Repräsentieren Sie Ihr Team engagiert und überzeugend nach außen.

Achten Sie auf sinnvolle Arbeitsverteilung.
Definieren Sie Aufgabenbereiche schriftlich. Beim Absprechen oder Zuweisen der anstehenden Aufgaben berücksichtigen Sie die Kompetenzen und Präferenzen der Teammitglieder. Visualisieren Sie die für das Team zentral wichtigen Aufgaben und das Ergebnis der Teamanalyse.

Entwickeln Sie Ihr Team.
Wenn das Team nicht ausgewogen ist, stellen Sie die richtige Balance her. Konkrete Hinweise dazu finden Sie in Kapitel 5.3.

Delegieren Sie Aufgaben an Mitarbeiter.
Das werden Sie dann mit gutem Gewissen tun, wenn Sie davon überzeugt sind, dass delegierte Aufgaben kompetent und zuverlässig erledigt werden. Lassen Sie sich regelmäßig über den Arbeitsstand informieren. Schulen Sie fehlende Kompetenzen. Entlasten Sie sich, indem Sie Aufgaben in Ihren Nicht-Präferenzbereichen an Mitarbeiter, die dort Präferenzen und Kompe-

tenzen haben, delegieren. Es sei denn, diese Aufgaben sind „Chefsache".

Erarbeiten und setzen Sie klare Ziele.
Teams ohne klare Zielsetzung können hart arbeiten, aber ihre Anstrengungen verpuffen in ganz verschiedene Richtungen. Teams mit klaren Zielen, die auch tatsächlich erreicht werden, sind auf ihre Arbeit stolz. Vereinbaren Sie klare Verantwortlichkeiten. Überprüfen Sie regelmäßig, ob alle das Ziel klar im Blick haben.

Vereinbaren Sie hohe Qualitätsstandards.
Ihr Team braucht klare Messlatten und Verfahren, an die sich alle halten. Orientieren Sie die Standards an den Vereinbarungen mit dem Kunden. Installieren Sie einen kontinuierlichen Verbesserungsprozess.

Legen Sie eine klare Strategie fest.
Entwickeln Sie mit dem Team den besten Weg zur Zielerreichung und halten Sie ihn ein. Arbeiten Sie klare Aktionspläne aus. Entwickeln und vermitteln Sie Alternativplanungen für den Risikofall (Risikomanagement – Plan B und C).

Motivieren Sie Ihr Team.
Mitarbeiter geben ihr Bestes, wenn sie große Hoffnungen in die Zukunft setzen. Entwickeln Sie eine motivierende Vision für das Team und mit dem Team. Setzen Sie jeden so ein, dass er mit seinen Arbeitspräferenzen „punkten" kann. Ermutigen Sie Ihr Team auch besonders bei Rückschlägen und in „harten Zeiten".

Übung
Welche der oben genannten Fähigkeiten halten Sie persönlich für besonders wichtig für den Teamerfolg? Wählen Sie drei davon aus. Fragen Sie Ihr Team, welche drei es für zentral wichtig hält. Fragen Sie Ihren Kunden danach. Gibt es eine Schnittmenge, gibt es Unterschiede? Falls es Entwicklungs- und Handlungsbedarf gibt, wie können Sie und Ihr Team diese Fähigkeiten entwickeln und trainieren?

 Linking Skills, Leistung und Teamgeist entstehen nicht von allein. Entwickeln Sie selbst und in Ihrem Team bestimmte Fähigkeiten.

4.3 Sich auf andere einstellen

Die beiden Fähigkeiten „Kommunikation" und „zwischenmenschliche Beziehungen" sind in jedem Team „harte Brocken". Teamarbeit ohne Missverständnisse, Konflikte und Zerwürfnisse ist natürlich eine Illusion. Mit Ihrer ganz besonderen Teamrolle bevorzugen Sie intuitiv eine bestimmte Art der Kommunikation, oft unbewusst. Dann funken Sie auf der Ihnen vertrauten Frequenz – und wundern sich, warum jemand mit einer anderen Teamrolle nur „Bahnhof" versteht und sich querstellt. Sich auf andere Frequenzen, das heißt Kommunikationsstile, einzustellen, erfordert viel Flexibilität. Perspektivenwechsel ist immer wieder gefragt und wichtig. Dazu ist es gut zu wissen, wie Mitarbeiter mit verschiedenen Teamrollen im Umgang miteinander jeweils „anders ticken". Und sich darauf einzustellen. Dann kommt beim anderen auch das an, was Sie meinen.

Guter Umgang mit anderen Teamrollen

Um einen guten Draht mit anderen aufzubauen und zu halten, beherzigen Sie die folgenden Tipps im Umgang mit den verschiedenen Teamrollen. Es gibt bestimmte Verhaltensweisen, die jede Teamrolle typischerweise im Umgang mit anderen schätzt – und auf welche sie „allergisch reagiert". Dieses Wissen wird Ihnen vor allem dann hilfreich sein, wenn Sie mit bestimmten Personen immer wieder „aneinandergeraten". Das kann verschiedene Ursachen haben, es liegt aber nicht selten an verschiedenen teamrollenspezifisch bevorzugten Verhaltensweisen. Sowohl bei Ihnen – als auch beim anderen.

Guter Umgang mit Informierten Beratern

Bauen Sie eine gute persönliche Beziehung auf. Betonen Sie Kooperation statt Konfrontation. Nehmen Sie sich Zeit und geben Sie ihnen Gelegenheit, ihre Anliegen ausführlich vorzubringen. Informieren Sie schnell und umfassend. Geben Sie genügend Zeit für fundierte Recherchen. Setzen Sie sie nicht unter Zeitdruck. Taktieren Sie nicht, seien Sie aufrichtig im Umgang mit ihnen.

Guter Umgang mit Kreativen Innovatoren

Geben Sie ihnen Gelegenheit, neue Ideen „auszutüfteln". Tolerieren Sie ihre Sprunghaftigkeit und ihren wenig strukturierten Umgang mit Zeit. Teilen Sie ihre Begeisterung für Neues. Setzen Sie ihnen keine knappen oder nicht nachvollziehbaren Termine. Verlangen Sie von ihnen kein zu stark strukturiertes Schritt-für-Schritt-Denken.

Guter Umgang mit Entdeckenden Promotern
Lassen Sie diese ihre Fähigkeit zeigen, andere zu interessieren, zu überzeugen, zu begeistern. Führen Sie mit ihnen Gespräche über zukünftige Entwicklungschancen statt über die Vergangenheit. Sagen Sie nicht gleich: „Ja, aber…" Stellen Sie ihre Ansichten nicht fortwährend infrage. Würdigen Sie ihren Blick für die großen Zusammenhänge.

Guter Umgang mit Auswählenden Entwicklern
Bereiten Sie sich auf Gespräche gut vor, denn sie schätzen Situationen und Fragestellungen, die vollständig analysiert worden sind. Konzentrieren Sie sich auf die Fakten und eine klare, logische und präzise Kommunikation. Stellen Sie ihnen Aufgaben wie: „Was könnte wann, wo, wie funktionieren?" Vermeiden Sie Dogmatismus, Emotionen und Zeitvergeudung. Ergebnisorientiert, effektiv, auf der Suche nach der besten Lösung – das ist ihr Stil, immer orientiert an klar definierten Kriterien.

Guter Umgang mit Zielstrebigen Organisatoren
Treten Sie „professionell", ziel- und faktenorientiert auf. Vereinbaren Sie Maßnahmen und Termine, die einzuhalten sind. Geben Sie ihnen Rüstzeug und Ressourcen, damit Pläne realisiert werden. Seien Sie klar und stellen Sie nicht mehrere Optionen zur Wahl.

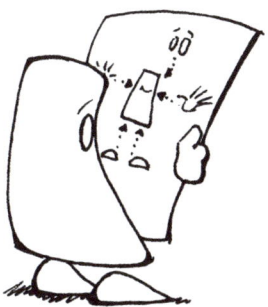

Guter Umgang mit Systematischen Umsetzern
Geben Sie ihnen klare Strukturen, bewährte Verfahren, Ablaufpläne und Checklisten an die Hand. Falls Änderungen geplant sind, kündigen Sie diese frühzeitig an. Vermeiden Sie, Ihre Meinung „unterwegs" zu ändern. Resultate zählen. Kein abgehobenes Philosophieren. Erfolg buchstabiert man: TUN.

Guter Umgang mit Kontrollierenden Überwachern
„Schneien" Sie bei ihnen nicht spontan ins Büro. Bevorzugen Sie schriftliche Kommunikation – also eher per E-Mail und Aktennotiz als per Telefon. Formale Tagesordnungen geben ihnen Klarheit und Struktur für Meetings. Entwickeln Sie für eine große Aufgabe mit ihnen ein System kleiner Lösungsschritte. Lassen Sie ihnen Zeit, ein Thema zu durchdenken, ehe sie zu einem Thema Stellung nehmen müssen. Beachten Sie, dass sie Interesse an vielen Details haben. Seien Sie nüchtern – nicht überschwänglich optimistisch und enthusiastisch.

Guter Umgang mit Unterstützenden Stabilisatoren
Kommunizieren Sie offen, fair und präzise. Geben Sie ihnen Gelegenheiten, andere zu unterstützen. Sprechen Sie mit ihnen über die Werte, für die sie einstehen. Geben Sie ihnen Aufgaben im Support- und Servicebereich. Sie widmen sich gern vertrauens- und teambildenden Maßnahmen.

Übung
Lassen Sie jeden eine „Betriebsanleitung" für sich schreiben: Wie sollte man mit mir bei der Arbeit umgehen? Was sollte man vermeiden? Lassen Sie jeden seine „Betriebsanleitung" den anderen in einem Teammeeting vorstellen. Das fördert Klarheit, Toleranz und damit Teamfähigkeit.

Verschiedene Teamrollen bevorzugen verschiedene Kommunikationsstile und Arten, wie Aufgaben angegangen werden.

- *13 Linking Skills sind wichtig, um Menschen miteinander zu verbinden, Aufgaben zum Erfolg zu führen und Teams zu führen.*
- *Schulen Sie das Bewusstsein für Unterschiedlichkeit im Team. Jeder im Team sollte seine eigene Teamrolle und die der anderen kennen.*

5. Herausforderungen:
Ich & mein Team

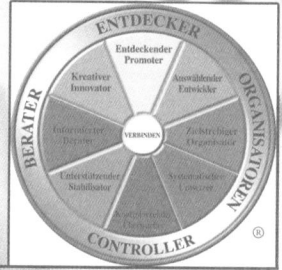

Wissen Sie, wie man eine
Teamanalyse erstellt?

Seite 66

Kennen Sie Methoden, um
unausgewogene Teams
auszubalancieren?

Seite 68

Wissen Sie, wie man
Mitarbeitergespräche
effektiv führt?

Seite 74

Teams zu führen ist eine echte Herausforderung. Die Anforderungen des Unternehmens auf der einen Seite, der Druck des Marktes von der anderen – und dazwischen das Team mit seinen Mitgliedern und ihren verschiedenen Teamrollen. Wir wollen Ihnen auf den folgenden Seiten einige bewährte Strategien an die Hand geben, wie Sie sich und Ihr Team ausrichten, damit Teamarbeit gelingt.

5.1 Richten Sie Ihre Organisation präferenzorientiert aus

Teams sind in der Regel in Organisationen und Unternehmen eingebettet – als Projektteams, Abteilungen, Task Forces oder wie immer sie heißen mögen. Als Team Manager einer Organisation sind Sie gehalten, mit Ihrem Team die übergeordneten Ziele der Organisation in einem Teilbereich zu realisieren.

Beispiele aus der Praxis

Der Geschäftsführer eines Unternehmens in Nord-deutschland war zufrieden: „Unsere Organisation hat klare Ziele, eine klare strategische Ausrichtung, bestens durchorganisierte Prozesse, klare Bereichsstrukturen, kompetente Mitarbeiter und spielt mit in der ersten Liga." Aber er wollte mehr, um für die Herausforderungen der Zukunft im aufblühenden Umweltsektor gerüstet zu sein. Sein erklärter Wille war: Innovieren sollte Schwerpunkt werden. Potenzial sah er vor allem darin, die Arbeitspräferenzen der Mitarbeiter noch besser zu nutzen.

Die Entwicklungsabteilung war gefordert, die Strategien dafür zu entwickeln. Sie ging mit präferenzorientierter „Denke" auf die Suche. Kreative Innovatoren, denen das Austüfteln neuer Ideen leicht von der Hand ging, wurden gebraucht. Kreativ-Workshops im ganzen Unternehmen brachten neue Ideen ein. Diese wurden dann im Hinblick auf ihre Machbarkeit und Markteignung gesichtet und ausgewählt.

Man nutzte auf Anraten eines TMS-Trainers das Erfolgsmodell von Hewlett Packard. Die Leitlinie von HP lautete von Anfang an: „Wir werden das innovativste Unternehmen in der Informationstechnologie." Mit der Befolgung dieser Leitlinie änderte sich einiges: Die F&E-Abteilung wurde, so wie auch die von HP von Beginn an, gut ausgestattet mit Kreativen Innovatoren. In der Regel arbeiten im F&E-Bereich nach einer weltweiten Studie nur 13 % Kreative Innovatoren, bei HP waren es 23 %. Angesichts des überwältigenden Erfolgs von HP drängt sich die Frage auf:

Verschlafen manche Entwicklungsabteilungen notwendige Innovationen, weil sie nicht genug kreative Leute an Bord haben, die in die Zukunft denken?

Leitlinien mit Leben füllen
Leitlinien sind wichtig. Sie sind jedoch häufig nur Papier. Es sind die Mitarbeiter einer Organisation, welche die Leitlinien mit Leben füllen. Mit ihren Kompetenzen, vor allem aber mit ihren Arbeitspräferenzen. Die präferenzorientierte Ausrichtung eines Unternehmens vitalisiert eine Organisation in ungeahntem Maße. Das TMS bietet das Erfahrungswissen, wie diese Energie in alle Bereiche und Teams hineinwirken kann, wenn Leitlinie und Präferenzen überall gut abgeglichen werden. Natürlich werden dafür die Teamrollen im richtigen Mix gebraucht. So wird ein Unternehmen, das „Qualität" auf seine Fahnen geschrieben hat, verstärkt Kontrollierende Überwacher und Unterstützende Stabilisatoren brauchen. Aber es braucht natürlich auch Promoter, die Qualitätsziele überzeugend „rüberbringen" können. Es braucht Entwickler von Qualitätssystemen und Mitarbeiter, die diese Systeme gut organisieren. Informierte Berater werden sich „schlaumachen" und Informationen einholen, welche bewährten Qualitätssysteme in der Branche existieren. Und Kreative Innovatoren könnten querdenken: „Wie kann unsere Qualität mit neuen Ansätzen noch verbessert werden?"

Wenn Sie Ihrer Organisation Kraft und neuen Schwung *verleihen wollen, können Sie das durch eine präferenzorientierte Ausrichtung in Gang bringen. Bestimmen Sie das Ziel oder den Bereich, der energetisiert werden soll. Stellen*

Sie fest, wer für die Aufgaben nicht nur kompetent, son-
dern auch durch seine Arbeitspräferenz besonders moti-
viert ist. Richten Sie alle Bereiche und Teams schwerpunkt-
mäßig in diese Richtung aus. Wenn Sie das für Ihr Team
tun wollen, beginnen Sie mit einer Teamanalyse.

5.2   Machen Sie eine Teamanalyse

Durchführung der Teamanalyse
Die Teamanalyse besteht aus vier Schritten.
- Ermitteln Sie zunächst auf dem Rad der Arbeitsfunktionen, welche Arbeitsbereiche wichtig sind.
- Definieren Sie in diesem Fall die Prioritäten: Auf welchen Bereich müssen wir uns konzentrieren, damit
  wir erfolgreich sind (linkes Rad in der Abbildung)?
- Ermitteln Sie dann, wie die Teamrollen in Ihrem Team
  verteilt sind: Wo liegen unsere Teamrollen und damit
  unsere Arbeitspräferenzen? Professionell geschieht
  das durch Erstellen der Team Management Profile für
  alle Teammitglieder (rechtes Rad in der Abbildung).

- Vergleichen Sie, wie Arbeitsaufgaben und Arbeitspräferenzen des Teams zusammenpassen.

Was müssen wir tun?   Was tun wir gerne?

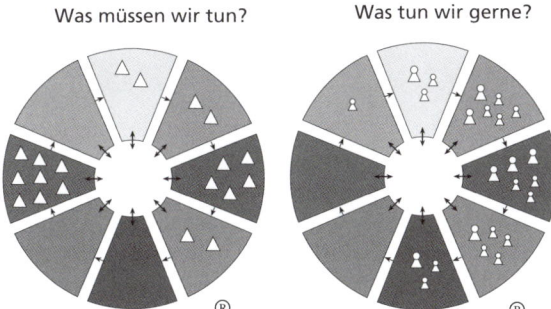

Abb. 6: Teamanalyse

Im abgebildeten Beispiel stehen die acht kleinen Drei-
ecke, die dem Arbeitsbereich „Beraten" die höchste Pri-
orität zuweisen, in Widerspruch zu den Arbeitspräferenzen des Teams. Sie erkennen auf dem Team Management
Rad rechts, dass niemand im Team in diesem Bereich eine
Präferenz hat, weder als Hauptrolle noch als Nebenrolle.
Der „blinde Fleck" ist nicht zu übersehen.

Probleme bei Software-Einführung

Die Abbildung zeigt die Teamanalyse eines Projektteams, das in drei Bereichen Höchstleistungen zu erbringen hatte: Es sollte eine neue betriebswirtschaftli-
che Software schnell, kostengünstig und in hoher
Qualität unternehmensweit installieren und schulen.
Es war wichtig, dass dem Team alle wichtigen Informationen zur Verfügung standen, die bei den einzelnen Abteilungen einzuholen waren. Da das Projekt-

team jedoch vor allem im Osten des Rades stark besetzt war, wurde dieser Punkt vernachlässigt oder für unwichtig gehalten. Die „Macher-Mentalität" ging mit dem Team durch – es wollte schnell mit der Arbeit „loslegen" und „verkaufte" allen Abteilungen den Einsatz der Standard-Software. Die Abteilungen äußerten ihre Unzufriedenheit, das Team ging auf die Bedenken nicht ein. Einige Abteilungen widersetzten sich und boykottierten die Einführung der neuen Software, die „alte" tat ja noch ihre Dienste. Das Projekt drohte zu scheitern. Die Teamanalyse machte dem Team seine „Lücke" im Sektor „Beraten" bewusst, ein Umdenken setzte ein. Das Projekt hatte wichtige Spezifikationen der einzelnen Abteilungen nicht ermittelt und berücksichtigt. Diese wurden jetzt erkannt und nachträglich einbezogen. Das Projekt konnte durchgeführt werden, die Zeit wurde eingehalten, die notwendige Qualität wurde geliefert.

 Ermitteln Sie die zentral wichtigen Bereiche für die Aufgabe Ihres Teams auf dem Rad der Arbeitsfunktionen. Vergleichen Sie diese mit dessen Arbeitspräferenzen. Falls die Visualisierung eine mangelnde Passung mit den Arbeitspräferenzen aufzeigt, finden Sie die Stolpersteine heraus. Erarbeiten Sie mit dem Team Lösungen.

5.3   Balancieren Sie Ihr Team gut aus

Fälle wie der oben beschriebene sind nicht selten, sondern tauchen in vielfachen Varianten immer wieder auf. In Tausenden von Teamanalysen haben wir solche Unausgewogenheiten herausgearbeitet und sie Teams mit ihren Führungskräften deutlich machen können. Das Ergebnis war immer wieder: Bestimmte Arbeitsbereiche wurden „vergessen". Oder sie wurden nicht für wichtig gehalten. Fehlleistungen, Unzufriedenheit beim internen oder externen Kunden, im Team, beim Team Manager und den Vorgesetzten waren regelmäßig die Folge.

Visualisierung der Teamanalyse

Wir sind immer wieder überrascht, wie durch diese einfache Art der Visualisierung Teams selbst aktiv und kreativ werden, um gemeinsam Lösungen zu finden. Jede Teamanalyse ist ein Eye-Opener für das Team und den Team Manager. Und oft genügen zwei einfache Fragen an das Team, um mit ihm Lösungen zu erarbeiten. Wir können Ihnen aus Erfahrung sagen, dass Sie mit einer solchen Visualisierung und den beiden Fragen eine erstaunliche Dynamik in Gang bringen können. Sicher brauchen Sie als Team Manager dafür die Bereitschaft in Ihrem Team, mitzudenken und sich mitverantwortlich zu fühlen. Die beiden Fragen sind:

- Was fällt Ihnen im Blick auf die Visualisierung auf?
- Und welche Lösungen fallen Ihnen dazu ein?

Lücken, Polarisierungen und Rivalitäten

Bei unausgewogenen Teams gibt es viele Varianten von Unausgewogenheit. Viele Beispiele und Lösungsvorschläge finden Sie hierzu in unserem TMS-Handbuch: TMS – der Weg zum Hochleistungsteam. Drei klassische Problemstellungen tauchen immer wieder auf, für die Sie im Folgenden Problemlösungen beschrieben finden: Lücken, Polarisierungen und Rivalitäten.

Lücken: Um Lücken – wie im obigen Beispiel – aufzufüllen, klären Sie, wer im Team Nebenpräferenzen zu den Lückenbereichen hat. Falls dort auch niemand ist, ergänzen Sie das Team: durch neue Mitglieder (falls möglich) oder Externe auf Zeit. Oder docken Sie bei anderen Teams an. Wenn das alles nicht geht: Finden Sie ein Teammitglied, das bereit ist, für eine bestimmte Zeit diese Aufgabe wahrzunehmen. Eine Zeit lang im Nicht-Präferenzbereich zu arbeiten ist mach- und zumutbar. Wichtig ist, dass die konkreten Tätigkeiten, die von demjenigen erwartet werden, allen im Team klar sind. Wenn auch das nicht geht, schulen Sie das ganze Team im Präferenzbereich und achten Sie darauf, dass es diesen Bereich nicht außer Acht lässt.

Polarisierungen: Mitarbeiter mit gegenüberliegenden Teamrollen tendieren dazu, sich gegenseitig abzuwerten oder zu bekämpfen, weil sie verschiedene Standpunkte vertreten, wie die Arbeit am besten zu bewältigen ist. Da alle Sichtweisen für den Teamerfolg wichtig sein können, ist es Ihre Aufgabe als Team Manager, darauf aufmerksam zu machen, damit kein wichtiger Blickwinkel verloren geht. Vor allem die Wertschätzung anderer Arbeitsstile und Sichtweisen als Ergänzung der eigenen ist von großer Bedeutung. Falls notwendig, nutzen Sie dafür externe TMS-Berater.

Rivalitäten: Rivalitäten entstehen oft, wenn sich viele Mitarbeiter in einem Sektor „tummeln", Sie erkennen das bei der Teamanalyse an einer „Ballung". Dann kann es zu Rivalitäten innerhalb eines Teamrollenbereichs kommen: Wer ist von uns am kreativsten, wer organisiert am besten, wer hat die beste Marketing-strategie? Im Beispiel aus Kapitel 5.2 war es so, dass jeder der drei Zielstrebigen Organisatoren seinen Vorschlag für einen Projektstrukturplan für den besten hielt. Es hat sich in solchen Fällen bewährt, mit diesen Teammitgliedern zu überlegen, wie sie arbeitsteilig verschiedene Aufgaben in ihrem Sektor übernehmen können. So kann zum Beispiel in einem Team mit drei Entdeckenden Promotern einer für die Entwicklung des Marketings, einer für externe Präsentationen und einer für die Pressearbeit zuständig sein – alles wichtige Teilbereiche des Promotens.

Es gibt drei klassische Probleme in unausgewogenen *Teams, mit denen Team Manager oft konfrontiert werden: Lücken, Polarisierungen und Rivalitäten. Visualisierungen machen diese deutlich. Für jeden Bereich gibt es Lösungswege, die von mitdenkenden Teams oft selbst gefunden werden, wenn sie die Analyse ihres Teams in einem „Teamstatus" sehen und bearbeiten können.*

5.4   Leiten Sie interkulturelle Teams

International und multikulturell zusammengesetzte Teams sind in international arbeitenden Organisationen inzwischen die Regel. Falls Sie als Team Manager für ein solches Team verantwortlich sind oder werden, bietet die Vielfalt an Sprachen, Kulturen, Werten und Verhaltensweisen eine besondere Herausforderung, Teameffizienz und Teamfähigkeit zu entwickeln. Team Manager mit Fähigkeiten im interkulturellen Management in Verbindung mit guten Sprachkenntnissen, die sich im internationalen Kontext gewandt bewegen können, sind gesuchte Experten.

TMS als internationale Sozialsprache
Sie benötigen für multikulturelle Teams Strategien und Instrumente der Teambildung, die kulturneutral, wertschätzend und effektiv sein müssen. Mit dem Team Management System stellen Sie die persönlichen Kompetenzen und Arbeitspräferenzen als Stärken in den Mittelpunkt – wertschätzend und kulturneutral. Wenn Sie Ihr Team mit den Konzepten des TMS und den beiden Rädern vertraut machen, ermöglicht das Ihnen und Ihrem Team, eine arbeitsorientierte „Sozialsprache" einzuführen und zu nutzen, die von allen verstanden wird. Kulturelle Unterschiede treten in den Hintergrund. Wichtig ist die Arbeitsfähigkeit des Teams, und diese entsteht, wenn man sich über Sprach-, Kultur- und Abteilungsgrenzen hinweg mit einem einheitlichen „Vokabular" verständigt, das aus der vertrauten Arbeitswelt stammt.

Teambildung in internationalen Teams
Wenn Sie ein internationales Team übernehmen oder leiten, können Sie als Team Manager wie folgt vorgehen:

- Legen Sie die Ziele und die Aufgaben fest, die das Team insgesamt zu erledigen hat.
- Organisieren Sie einen Team Workshop in der Geschäftssprache (in der Regel Englisch) mit einem englischsprachigen TMS-Trainer. Machen Sie eine Teamanalyse, die die Teamaufstellung mit den Teamrollen darstellt.
- Machen Sie das Team mit dem Konzept und der „Sozialsprache" des Team Management (Namen der Arbeitsfunktionen, Arbeitspräferenzen, Linking Skills) vertraut.
- Lassen Sie das Team dieses Konzept für seine Arbeit nutzen.

Für interkulturelles Team Management benötigen Sie Strategien und Instrumente, um Arbeitsteams trotz kultureller und sprachlicher Differenzen schnell und nachhaltig arbeitsfähig zu machen und zu halten. Das Team Management Profil steht Ihnen in allen Weltsprachen über TMS-Berater zur Verfügung. Weiterhin bietet das TMS eine arbeitsorientierte „Sozialsprache" an, die kulturübergreifend ist. Diese ermöglicht es, dass sich die Teammitglieder schnell mit dem gleichen Wortschatz verständigen und effizient zusammenarbeiten können.

5.5 Sprechen Sie mit Mitarbeitern

Arbeiten im Präferenzbereich
Wahrscheinlich erinnern Sie sich, was passiert, wenn Sie verstärkt in Ihrem Präferenzbereich arbeiten können – die Arbeit geht leichter von der Hand, Sie sind von innen her motiviert, Sie machen gute Arbeit. Psychologen nennen das „intrinsische Motivation". Wenn Sie Ihre Teammitglieder verstärkt in ihrem Präferenzbereich arbeiten lassen, hat das genau diesen Effekt. Anders gesagt: geringere Leistungsfähigkeit, fehlende Motivation, Stress sind oft darauf zurückzuführen, dass jemand länger schwerpunktmäßig in einem Nicht-Präferenzbereich arbeiten muss, z. B. wenn der Promoter ausführliche Statistiken erstellen soll.

Die 70:30-Regel
Wenn Sie zu 70 % im Präferenzbereich arbeiten können, ist es kein Problem, zu 30 % in Bereichen tätig zu sein, die nicht zu den eigenen Präferenzen gehören. Dies ist, so zeigt auch die TMS-Forschung auf, ein gutes Verhältnis. Jeder wird auch Aufgaben zu bewältigen haben, die ihm nicht besonders liegen. Wenn er diese erledigt, schärft er seinen Blick für die Notwendigkeit dieser Aufgaben und erwirbt dort Fähigkeiten.
Das TMS darf nicht so verstanden werden, dass jeder nur noch im Präferenzbereich arbeiten soll. Das ist einerseits eine Illusion, andererseits braucht jeder die Herausforderung, sich in andere Bereiche „hineinzustrecken" und dort zu lernen.

Zielvereinbarungen
Nutzen Sie das persönliche Team Management Profil für Zielvereinbarungsgespräche, sofern der Mitarbeiter damit einverstanden ist. Und das ist in der Regel der Fall, da das Profil ja seine Stärken und Motivationsfelder abbildet.

Sprechen Sie mit ihm gemeinsam die im Profil zurückgemeldeten Talente, Entwicklungs- und Ergänzungspotenziale durch: Welche Aufgaben haben Ihnen besonders gelegen? Was hatte das mit Ihren Präferenzen zu tun? Welche Aufgaben waren besondere Herausforderungen für Sie? Welche Ziele setzen Sie sich für die nächsten Monate? Im Präferenzbereich? Im Nicht-Präferenzbereich? Welche Unterstützung brauchen Sie dafür? Nutzen Sie das Modell der Arbeitsfunktionen, um die Ergebnisse als einfaches Protokoll festzuhalten.

Problemgespräche

Jeder Team Manager wird auch mit problematischen Situationen konfrontiert und Problemgespräche professionell führen wollen und müssen. Ein sonst guter Mitarbeiter lässt in der Leistung plötzlich nach oder er verändert sein Verhalten. Ein Mitarbeiter weiß nicht mehr weiter und wendet sich Rat suchend an Sie. Was tun?

In vielen Problemgesprächen haben wir gute Erfahrungen mit strukturierten Problemlösungsgesprächen gemacht, die die klare Prozesslogik des Rads der Arbeitsfunktionen nutzen. Rund ums Rad stellen Sie Fragen an Ihren Mitarbeiter, denn: „Wer fragt, führt!" Beginnen Sie mit dem Sektor „Beraten". Lassen Sie sich dann zu den nächsten Fragen durch die Sektoren „Innovieren" und „Promoten" inspirieren. Fragen Sie dann systematisch im Uhrzeigersinn weiter – so vergessen Sie keinen wichtigen Bereich, in dem Lösungen liegen könnten. Ein erfolgreicher Team Manager verriet einmal sein wichtigstes Berufsgeheimnis: „Lösungen lauern überall."

Fragen rund ums Rad zur Problemlösung

Hier ist ein Beispiel für diese Fragetechnik. Passen Sie Ihre Fragen der Situation, dem Thema und Ihrer eigenen Formulierungskunst an:

* Beraten: „Ich würde gern mit Ihnen gemeinsam eine Problemlösung erarbeiten für das Thema „X". Können Sie mir das Problem genauer schildern? Welche Lösung sehen Sie im Augenblick?"
* Innovieren: „Wie könnten neue und vielleicht ungewöhnliche Lösungsansätze aussehen?"

- Promoten: „Welche weiteren Lösungen sehen Sie? Was würde Ihnen ein erfahrener Kollege raten, wenn Sie ihn um eine Lösung bitten würden? Wen könnten Sie da ansprechen? Was spricht für Lösung 1 (2, 3, 4), was dagegen?"
- Entwickeln: „Was ist nach Ihrer Einschätzung die beste Lösung? Was spricht dafür, dass dies die beste Lösung ist (Kriterien nennen lassen)?"
- Organisieren: „Ich würde gern mit Ihnen die Maßnahmen absprechen, um diese Lösung zu erproben. Wie könnten diese aussehen? Was wäre als Erstes zu tun? Was sind die nächsten Schritte?"
- Umsetzen: „Wie wird das Ergebnis konkret aussehen? Wer hat welchen Nutzen davon? Woran werden Sie merken, dass das eine gute Lösung ist?"
- Überwachen: „Was werden Sie tun, wenn diese Lösung ganz oder zum Teil nicht funktioniert?"
- Stabilisieren: „Welche Unterstützung brauchen Sie? Ich biete Ihnen an, dass wir uns bald wieder zusammensetzen, um uns weiter zu beraten. Welchen Termin nehmen wir da?"

Für Zielvereinbarungen, Gespräche zur Problemlösung und Mitarbeitergespräche geben Ihnen Team Management Profile konkrete Hilfen an die Hand. Als besonders brauchbar hat sich für komplexe Gesprächssituationen das Rad der Arbeitsfunktionen herausgestellt. Nutzen Sie es, um Gespräche mitarbeiterorientiert und zielführend zu strukturieren und zu führen.

Weiterführende Literatur

- Csikszentmihalyi, Mihaly: Das Flow-Erlebnis. Dem Sinn des Lebens eine Zukunft geben. Stuttgart: Klett-Cotta, 2. Aufl., 2004.

- Margerison, Charles: Team Leadership. A Guide to Success with Team Management Systems. London: Thomson, 2002.

- Margerison, Charles; McCann, Dick: Team Management. Practical New Approaches. London: Mercury Books, 1990.

- McCann, Dick; Mead, Nikki (Hrsg.): Team Management Systems Research Manual. 3rd edition. Brisbane: Institute of Team Management Studies, 2003.

- Pawlowsky, Peter, und Mistele, Peter (Hrsg.): Hochleistungsmanagement. Wiesbaden, 2008

- Simon, Walter (Hrsg.): Persönlichkeitsprofile und Persönlichkeitstests. Offenbach, 2006.

- Tscheuschner, Marc; Wagner, Hartmut: TMS – Der Weg zum Hochleistungsteam. Praxisleitfaden zum Team Management System nach Charles Margerison und Dick McCann. Offenbach: GABAL-Verlag, 2008.

Die Autoren

Marc Tscheuschner (Bad Nauheim), geb. 1970, Dipl.-Oec., setzt sich dafür ein, dass Menschen, Teams und Unternehmen bessere Ergebnisse erzielen. Dazu bildet er Trainer und Führungskräfte aus und ist gefragter Vortragsredner.

Hartmut Wagner (Freiburg/Br.), geb. 1939, Anglist, Romanist, NLP-, DGSL- und TMS-Lehrtrainer, Gründer und Leiter SKILL-Institut und Forum für Teamentwicklung/TMS-Zentrum bis 2007.

Adressen

Weitere Informationen zum Team Management System, zu Akkreditierungsseminaren zum TMS-Trainer und -Berater in Deutschland, Österreich und der Schweiz erhalten Sie bei:

TMS-Zentrum
Lise-Meitner-Str. 12, D-79100 Freiburg i. Br.
Tel. +49 (0) 7 61 / 45 98 59 75
E-Mail: info@tms-zentrum.de
www.tms-zentrum.de

Informationen in englischer Sprache:
TMS Development International Ltd.
128 Holgate Road, GB – YO24 4FL York
www.tmsdi.com

Register

Arbeitsfunktionen 10f., 17f., 23-27, 29f., 35f., 43, 45, 50, 66, 68, 73, 75ff.
Arbeitspräferenzen 29f., 37, 43f., 52, 55, 64-68, 72f.
Arbeitspräferenzskalen 32
Auswählender Entwickler 39, 58, 65

Blinde Flecken 43ff., 67

Delegation 50, 54

Entdeckender Promoter 38, 41, 58, 65, 71
Entwicklungsabteilung 26f., 38, 64f.

Führungsverantwortung 42

Hochleistungsteam 9, 17, 23f., 31, 47, 69
Höchstleistungen 22, 67

Informierter Berater 37, 57, 65
Innovation 19, 38f., 65
Interkulturelles Management 72f.
Interkulturelles Team 72

Kompetenz 29ff., 45, 47, 54, 65, 72
Kontrollierender Überwacher 41, 59, 65
Kreativer Innovator 37f., 40f., 57, 64f.

Linking Skills 47, 49ff., 56, 61, 73

Menschen verbinden 47, 51, 61
Mitarbeitergespräch 77

Nicht-Präferenzbereich 30, 54, 70, 74f.

Organisieren 17, 20, 27, 32, 34, 36, 43, 65, 73, 77

Präferenzen 11, 29ff., 34f., 45, 54, 65, 67, 74f.
Präferenzbereich 70, 74f.
Präferenzpole 36
Promoten 17, 19, 24, 27, 35, 71, 76f.

Stärken 6, 9, 14, 15, 43, 45, 52, 72, 75
Systematischer Umsetzer 40f., 59

TMP 11, 44
TMS 6, 9, 11, 14f., 29, 65, 69, 72ff.
Teamanalyse 52, 54, 66-70, 73
Teamerfolgsforschung 32
Teamrollen 11, 14, 29, 35ff., 39, 43, 45, 52, 56f., 61, 63, 65f., 70, 73

Überwachen 17, 21f., 27, 77
Unterstützender Stabilisator 42, 60, 65

Verbinden 17, 23, 50

Zielstrebiger Organisator 39, 58, 71